食べられる虫ハンドブック

監修
内山昭一

自由国民社

はじめに

「虫って食べたことある？」「イナゴとかハチの子はおいしかったけど」「もっといろいろ食べてみたい？」「ほかにどんな虫が食べられるの？」という時に使ってほしいのが本書です。

昆虫は環境にやさしく生産効率に優れた食材として注目されるようになってきました。そのため昆虫食を体験したいと思う人たちが増えてきています。

本書はそうした時代の要請を受けて企画された日本初の食用昆虫図鑑です。入手が比較的容易で食用に適した132種を厳選し、調理法や味・食感をコンパクトに収めたハンドブックです。昆虫食を試してみたいと考える多くのみなさんの手引きとして大いに活用されることを願っています。

NPO法人昆虫食普及ネットワーク理事長　内山昭一

目次

この本の使い方

季節：成虫に出会える時期を春、夏、秋に区分した。長期間見られるものは、比較的多く見られる季節に便宜的に分類した。

環境：成虫に出会える主な環境を「水辺」、「草原や庭先」、「里山や林」に分類した。各分類は以下のような環境を含む。
「水辺」……河川や池、湖など
「草原や庭先」……平地の公園や広場など、人間の生活圏
「里山や林」……雑木林とその周辺、山道など樹木の多い場所

イチオシ印：本書の中で、味、食感、食べ応えなどが優れたオススメの昆虫は、イチオシ印を付けた。

写真（メイン）：主に成虫の標本写真を示した（倍率は各種で異なる）。

和名・学名・分類：学名は参考文献（p.95）に基づく。

体長：成虫（オス♂、メス♀）、幼虫などの大きさを食用態や特徴を考慮し適宜記載した。

分布：北海道、本州、四国、九州、南西諸島に区分し、全国の場合は北海道～南西諸島（全国）のように示した。

特徴：主な生態や習性、鳴き声などを示した。

食性：食用態にある成虫や幼虫の、それぞれの食べものの主な例を示した。

食用態：その昆虫の食用に適した形態を成虫、幼虫、蛹、卵などに分けて示した。

写真（サブ）：幼虫や蛹などの生態写真を示した。

ミニコラム：COOKING GUIDEで紹介できなかった変わった食べ方や、日本の伝統的な昆虫の食べ方、民間薬などの活用例、調理や捕獲のアドバイスなどを記した。

COOKING GUIDE：主な調理方法を、蒸す、揚げる、焼く、炒める、炊く、茹でる（「煮る」も含む）、漬けるの7つに分け、アイコンで示した。

食べられる虫とは

現在の日本で昆虫食といえば、東日本を中心としたイナゴや、長野県や岐阜県、愛知県のハチの子や、ザザムシ（長野県伊那地方の天竜川にすむトビケラなどの水生昆虫の幼虫を食用にするときの総称）料理が知られており、缶詰や瓶詰も販売されていますが、地域限定の珍味として扱われており、多くの人は日常的な食べ物として認識していません。ところが、つい最近まで、日本ではふつうに昆虫が食べてられていたことは案外知られていません。生態人類学者の野中健一氏が、1986年に昆虫を食べるかどうかを都道府県別に調査したところ、イナゴやハチの子は40県以上、カミキリムシやガの幼虫は29県、カイコのサナギは27県、ゲンゴロウは8県、トビケラ・カワゲラ・トンボなどは6県、セミは5県で食べられており、日本人にも昆虫を食べる食文化があったのです。40代以上の人なら、イナゴの佃煮を食べたことがある人は少なくないはずです。

一方、東南アジアやアフリカ、中南米の食材市場では、バッタやイモムシ、アリなど私たちが「虫」と呼んでいるものが、ごく当たり前のように売られ、子供はおやつ、大人は茶うけや酒のつまみと、お手軽なスナック感覚で昆虫を食べています。現在、世界では20億人以上が「虫」を日常的に食べており、その種類は1900種以上にのぼるといわれています。

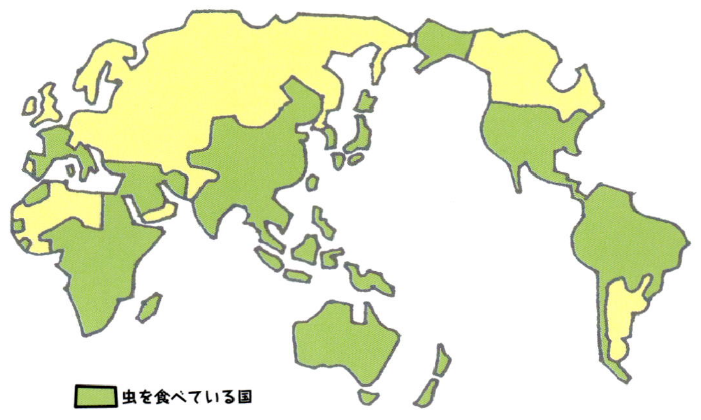

FAO "Edible insects : Future prospects for food and feed security" より

昆虫食の歴史とロマン

ヒトが大型動物を狩る知恵も道具もなかった太古の昔、草や木の果実、種子のほか、身近にたくさんいて容易に捕まえられる昆虫が、ヒトの日常的な食料であったことは容易に想像できます。

有史時代になると、昆虫食について書かれた文献がよく見られるようになります。紀元前４世紀のギリシャの哲学者アリストテレスは、『動物誌』に次のように書いています。

「地中で大きくなったセミの幼虫は若虫になる。その殻が破れる前が一番おいしい。……(成虫なら、交尾前は)オスがよく、(交尾後は)白い卵がいっぱいのメスがおいしい」

アリストテレスは先生のプラトンと一緒に、セミをほおばりながら思索にふけっていたのかもしれません。

ギリシャの喜劇詩人アリストパネスは、バッタが４枚の羽をもつ鶏肉として売られていたと書いています。

聖書には「イナゴの類は食べてもよい」と書かれていますし、イスラム教の開祖マホメットの言行を記した『ハディース』にもバッタを食べている記述があります。

昆虫を食べていた記述・著作は数多く残されており、はるか昔から昆虫食は人類の歴史の中に存在してきたことが分かります。

未来の食料 ── 昆虫は地球を救う！

2013年、国連が発表した世界人口予測報告書では、現在の世界人口は72億人。12年後にはさらに10億人の増加が見込まれ、2050年には96億人に達すると予測しました。人口爆発で最大の問題になるのが食料。人口増加に食料の生産が追いつかないからです。そこで国連食糧農業機関（FAO）は、世界の食料危機を克服するための有効な一手は「虫を食べる」こと、と「昆虫食」の将来性に関する報告書をまとめました。「食べられる昆虫──食料安全保障のための未来の資源」と題された報告書は、昆虫を「タンパク質や脂肪、ビタミン、ミネラルなどが豊富で、健康的な食用資源」と高く評価しています。

人口爆発で食料が不足し昆虫が救世主になったとしても、野生の昆虫だけで世界の需要を満たすことはできません。報告書は虫を育てる「畜虫業」の可能性にも言及しています。たとえばコオロギ1kgを得るには平均で2kgのエサが必要なのに対し、1kgの牛肉を得るのに必要なエサは10kg。5分の1ですむ計算になります。

牛や豚を育てる畜産業は、穀物など大量のエサ、水、広い土地が必要です。牛などの呼気に含まれるメタンも温室効果ガスといわれ、環境破壊の要因と懸念されています。それに対し、「畜虫業」は環境に優しい産業になり、小規模で経営できるので、新興国の人々にとっては食料不足を解消するだけでなく、家計収入の助けにもなると考えられます。虫を食べる習慣のない国々などで、「抵抗感」を打ち消すための広報や教育、さらに法整備の必要など、いろいろな課題はありますが、「昆虫は地球を救う」かもしれません。

高栄養
・タンパク質・不飽和脂肪酸
・ビタミン・ミネラル

クリーンエネルギー
・肥料・水・土地の節約
・メタンガスの消滅

未来の食料

高効率化
・飼料費の節約
・牛などに比べ高い可食部率

新興国の経済発展
・畜虫業による家計収入の向上
・食料不足の解消

今後の課題……広報や教育、法の整備

食べられる虫ベストテン

今、世界で日常的に食べられている虫を多い順に紹介すると、カブトムシなどの甲虫（31％）、イモムシ（18％）、アリやハチ（14％）、バッタやイナゴ、コオロギ（13％）、セミ、ヨコバイ、ウンカ、カイガラムシ、カメムシ（10％）、シロアリ（3％）、トンボ（3％）で、1900種以上が食用にされているといわれます（FAO報告書「食べられる昆虫――食料安全保障のための未来の資源」より）。

下の表は昆虫を食べ慣れている、監修者の内山昭一の選んだ日本で食べられる「うまい昆虫ベスト10」です。

第1位	カミキリムシ【幼虫】	直火で焼くと皮はパリパリで中身はトロリと甘い。コクがありクリーミーなバターの食感。マグロのトロの味にたとえられる。ファーブルも絶賛。
第2位	オオスズメバチ【前蛹】	しゃぶしゃぶ風にさっとゆがいてポン酢でいただく。甘味と旨みが濃厚で、鶏肉や豆腐に似た風味。繭を作った直後の前蛹が一番旨いとされ、「フグの白子以上」と賞賛される。
第3位	クロスズメバチ【幼虫・蛹】	小粒ながら旨みが強く、甘辛く煮てご飯に混ぜると、うなぎ丼の風味。長野や岐阜、愛知の伝統食。
第4位	セミ【幼虫】	肉厚で歯ごたえ満点。ナッツ味。燻製もオススメ。
第5位	モンクロシャチホコ【幼虫】	通称サクラケムシ。毛虫という外見からは想像できない上品な桜の葉の香りに誰もが驚かされる。旨みも濃い。
第6位	タイワンタガメ【成虫】	強面に似ず優しい洋ナシの匂いがする。この匂いはオスが発するフェロモンで、果実やハーブなどに含まれる、人にとってリラックス効果のある天然成分。
第7位	トノサマバッタ【成虫】	大きいので食べごたえがある。飛翔能力が高く、採るのも楽しい。揚げるとピンクに染まり見た目にも食べやすい。エビ・カニに近い食感。
第8位	カイコ【卵】	誰もがプチプチした食感に驚く。「トンブリ以上」と和の鉄人・道場六三郎さんも絶賛。
第9位	クリシギゾウムシ【幼虫】	噛むと硬めの皮がプチっと弾ける。中身は甘くてクリーミー。栗の実を食べて育つ通称クリムシ。
第10位	ヤママユ【蛹】	繭をカットして取り出した活きのいい蛹の丸焼きは香ばしくほっくりした食感がいい。茹でると甘味とコクがあり植物系の豆腐のような風味を楽しめる。

昆虫が未来の食糧資源として注目を集めているのは、栄養価が高くバランスがとてもよいからです。昆虫には、タンパク質、脂肪、ビタミン、ミネラルなどが多く含まれています。

人体の最大の栄養素、タンパク質をみてみます。昆虫はタンパク質をとても多く含んでいます。例えば、イナゴは約77%、マダガスカルゴキブリは約70%がタンパク質（いずれも乾燥重量ベース）です。

高いエネルギー源である脂肪はどうでしょう。昆虫に含まれる脂肪の質は魚類に似ており、不飽和脂肪酸が多く含まれています。人は不飽和脂肪酸を合成できませんが、昆虫の脂肪は、悪玉コレステロールを減らす、リノール酸やリノレン酸などの不飽和脂肪酸を含んでいることが知られています。

日本人の摂取量が少ないとされるミネラル。ミネラルとはカルシウム、カリウム、リン、ナトリウム、鉄、マグネシウム、亜鉛、銅、マンガンなどで、微量でもなくてはならない栄養素です。昆虫は植物性および動物性食品よりミネラルを豊富に含んでいます。

ミネラル同様、人の体内で必要量を作ることができないのがビタミンです。ビタミン欠乏症は長いあいだ人類を苦しめてきました。代表的な欠乏症として、Aは夜盲症、B_1はかっけ、B_2は口角炎、ナイアシン(B_3)は皮膚炎や口内炎、神経炎、B_6は皮膚炎、神経炎、B_{12}は悪性貧血などがあります。

ビタミンB_1、B_2、ナイアシンはほとんどの昆虫が持っていて、特に循環系、消化系、神経系の働きを促進するナイアシンが多く含まれています。

キチンは昆虫の外皮を構成する主成分です。キチンはセルローズと同じ食物繊維の働きをして、腸内環境を整えてくれます。

カロリー面でも昆虫は優れています。昆虫は100グラム当たり数100キロカロリーあり、獣肉に劣らないカロリー量を持っています。たとえばシロアリ類のなかには760キロカロリーと高いものもあります。

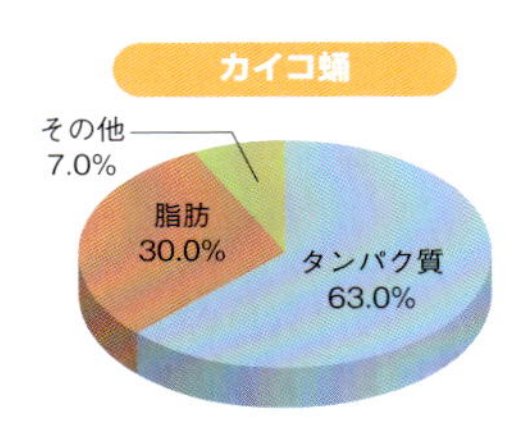

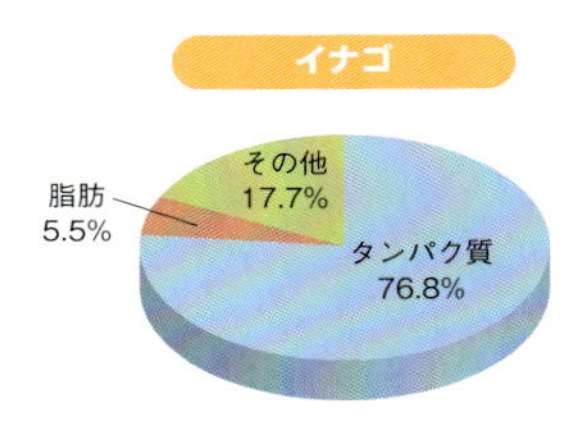

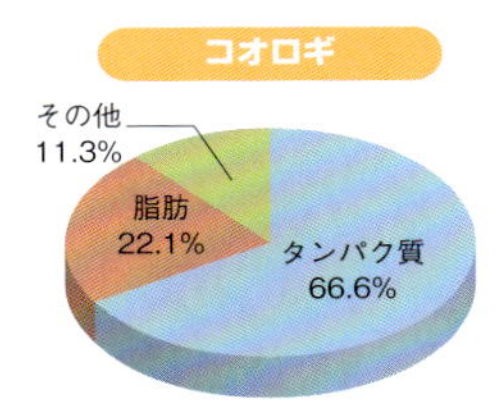

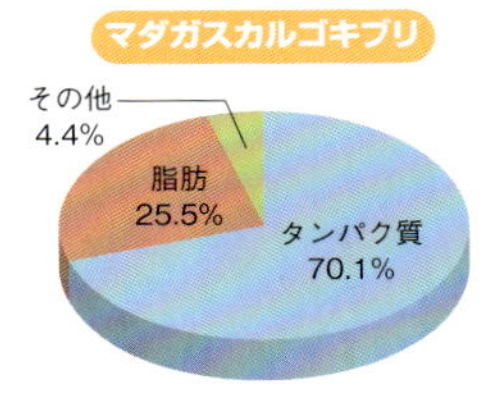

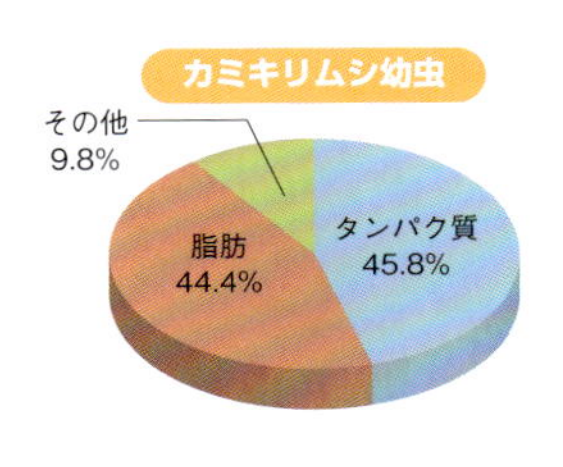

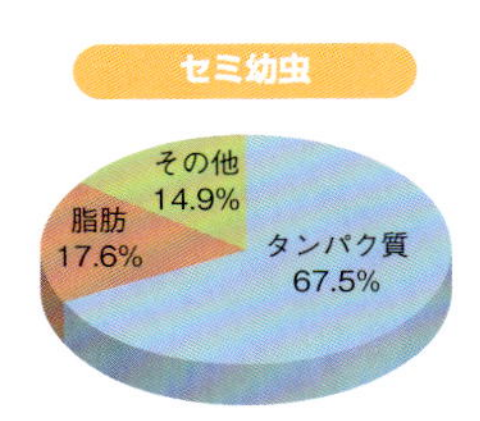

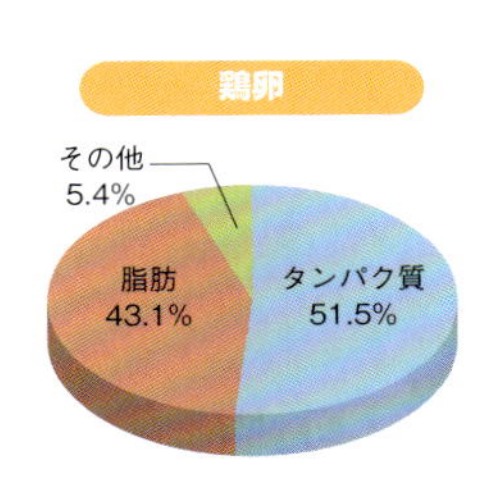

グラフのデータは香川（2013）、
片山ら（2009）、内山（2012）、
Finke（2002）、Bukkens（1997）より

採集するとき・食べるときの注意点

採集するときの注意

- 有毒な昆虫を事前に調べておく
  - ＊ツチハンミョウ、マメハンミョウなどは強い毒をもつ
  - ＊ジャイアントミルワームの成虫はベンゾキノンという刺激臭を発する有毒性の物質を出す
  - ＊キョウチクトウスズメの幼虫は毒性のあるキョウチクトウを主食とする
- スズメバチなどの危険な生物の行動範囲内に不用意に近づかない
- 山道に入る時は昆虫以外の危険な動物(クマ、マムシなど)にも注意する

食べるときの注意

- 疲れがたまっているとき、睡眠不足や風邪をひいているときは食べないこと
- 食材は十分に加熱し、調理前後には丁寧に手を洗うこと
- エビ・カニなど甲殻類アレルギーの人や、ダニアレルギーの人は食べないこと
- はじめての虫を食べる場合は少量を口に入れてみること
- 口に含んでみて違和感が無いか確認してみること
- 食べた後に吐き気や下痢などが起こらないかどうか確かめること
- 半日ぐらいは体調の管理に注意しておくこと
- アレルギー症状が出た場合は速やかに専門医の診断を受けること
- はじめての食材を摂取するときは常にアレルギーのリスクがあることを理解し自己責任で食べること

※本書に掲載の虫を食べてアレルギー症状等が起こっても責任は負いかねます。

春の虫たち

日一日と陽射しが暖かく感じられるようになり、越冬した昆虫たちが活動しはじめます。木々が芽吹くころ、野にも山にも多くの昆虫の姿が見られるようになり、いよいよ昆虫食シーズンの開幕です。

アゲハ

チョウ目 *Papilio xuthus*

体長 成虫65～90mm、幼虫55mm前後

分布 北海道～南西諸島（全国）

特徴 ナミアゲハともいう。夏は春よりも大型になる傾向がある。ツツジやヤマユリなどに集まる。公園や庭などで見かける身近な蝶。

食性 柑橘類の葉（幼虫）

食用態 蛹、幼虫、フン

成虫の大きさは開張

〔幼虫〕

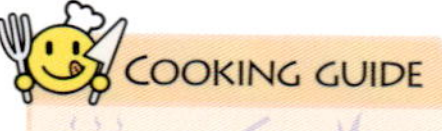

蒸す　揚げる　焼く　炒める　炊く　**茹でる**　漬ける

幼虫は茹でると、そのものの味を味わえる。噛みしめると昆虫共通のほのかな甘みがして、後からみかんの匂いが鼻に抜ける。蛹は茹でて噛み締めると豆乳の味。殻は食べられない。

キアゲハ

チョウ目 *Papilio machaon*

体長 成虫70～90mm、幼虫50mm前後

分布 北海道～九州

特徴 アゲハよりも翅の色が濃い。年に3～5回発生し、蛹の状態で冬を越す。日当たりのよい草地を好み、アザミやツツジなどに集まる。

食性 ニンジン・パセリなど、セリ科植物の葉（幼虫）

食用態 蛹、幼虫

成虫の大きさは開張

キアゲハは幼虫、蛹を茹でて食べる。食べているものに影響を受けるので、アゲハがみかんの味がするのに対し、パセリの味を感じたりすることがある。

〔蛹〕

モンシロチョウ

チョウ目 *Pieris rapae*

体長 成虫25～50mm、幼虫28mm前後

分布 北海道～南西諸島（全国）

特徴 年に6～7回発生し、成虫は3月頃から現れる。主に栽培種の作物を摂食する。

食性 アブラナ科栽培種、野生種の葉など（幼虫）

食用態 幼虫

成虫の大きさは開張

〔幼虫〕

幼虫を茹でて食べる。他のチョウと同様に食草に影響を受けるので、キャベツの青汁の味を感じたりすることがある。

チョウの食べ方イロイロ

カイコと同じく幼虫のフンはお茶になる。たとえばアゲハのフン茶は飽きのこないひなびた味。フンをお茶パックに入れて煮だして茶碗にそそぐ。内容はほとんどがみかんの葉の成分である。柑橘系のほろ苦さがあり、好みによって量で加減する。様々なチョウやガのフン茶を飲み比べるのも面白い。

クビキリギス

バッタ目 *Euconocephalus varius*

体長 成虫50～57mm

分布 北海道～南西諸島（全国）

特徴 平地の草原や水田の土手などに多いが、公園や庭先など街中にも生息。3月末頃から木や高い草に登り、ジーと強く単調に鳴く。成虫は冬も越す。

食性 雑食、イネ科植物の穂、若芽、昆虫

食用態 成虫

〔成虫・褐色型〕

COOKING GUIDE

成虫で越冬するため、春先でも大きくて食べ応えがある。カラッと素揚げにして、塩コショウを振って食べる。高温で揚げると翅も卵管もサクサクに。

ツチイナゴ

バッタ目 *Patanga japonica*

体長 50～70mm

分布 本州～南西諸島

特徴 成虫は黄褐色でやや大型。平地から丘陵にかけてのかわいた草地、丈の高い草の間などに生息している。

食性 イネ科植物の葉、クズやカナムグラなど

食用態 成虫

COOKING GUIDE

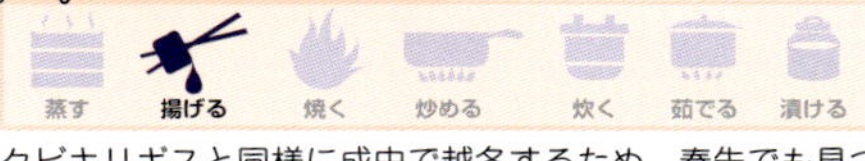

クビキリギスと同様に成虫で越冬するため、春先でも見つけられ、大きくて食べ応えがある個体が見つかる。素揚げするとバッタ特有の筋肉の旨みがある。

〔幼虫〕

クロハナムグリ

甲虫目 *Glycyphana fulvistemma*

体長 11～14mm

分布 北海道～九州

特徴 広葉樹の林などに生息する。個体数は少ないが、春先に増え始め、8月頃までよく見られる。

食性 ミズキ類、キク科など各種の花

食用態 成虫

花粉や蜜を食べる成虫を主に揚げて食用とする。ポリポリと豆を食べる感じ。幼虫はカブトムシと同じく腐葉土などを食べるので臭みがあり食用に向かない。

〔成虫〕

コアオハナムグリ

甲虫目 *Gametis jucunda*

体長 成虫10～16mm、幼虫23mm前後

分布 北海道～南西諸島（全国）

特徴 春から初夏にかけて出現し、10月頃までよく見られる。色は緑色が多く、上面（背）全体に毛があるのが特徴。

食性 キク科、バラ、ハギ、ボケ等の花

食用態 成虫

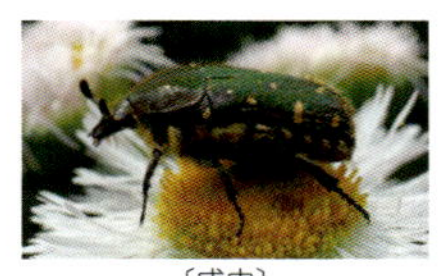

〔成虫〕

COOKING GUIDE

蒸す　**揚げる**　焼く　炒める　炊く　茹でる　漬ける

成虫はカラッと揚げることで外皮ごとカリカリ食べられる。小型のハナムグリ類は甲虫の中では食べやすい。幼虫は食用に向かない。

ヒメシロコブゾウムシ

甲虫目 *Dermatoxenus caesicollis*

体長 11～14mm

分布 本州～南西諸島

特徴 その名の通り、全体に白い体にゴツゴツしたコブがたくさん見られる。シロコブゾウムシによく似るが、やや小さく、背中の中央が黒い。

食性 ウコギ科、セリ科の植物の葉

食用態 成虫

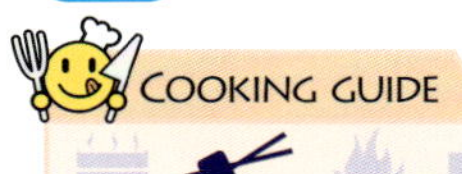

蒸す　**揚げる**　焼く　炒める　炊く　茹でる　漬ける

春にタラノキなどに見つかるヒメシロコブゾウムシなどはタラの芽といっしょに揚げると春の旬の食材として楽しむことができる。

シロコブゾウムシ

甲虫目 *Episomus turritus*

体長 13～15mm

分布 本州～九州

特徴 成虫は春先に現れ、草地や林縁に生息し、ハギ、フジといったマメ科植物の葉によく集まる。

食性 マメ科植物の葉

食用態 成虫

COOKING GUIDE

ゾウムシ類は外皮がいかにも硬そうに見えるが、多くのゾウムシは揚げると丸ごとカリカリ食べられる。食感を楽しむ一品。

シャチホコガ

チョウ目 *Stauropus fagi*

体長 成虫50～65mm、幼虫45mm前後

分布 北海道～九州

特徴 幼虫が静止したときのインパクトのある姿形がシャチホコの和名の由来。成虫は胸や頭、足にいたるまで毛深い。

食性 カエデ科、ニレ科、カバノキ科、ブナ科、バラ科など多様な樹種の葉（幼虫）

食用態 幼虫

成虫の大きさは開張

〔幼虫〕

COOKING GUIDE

反り返ったポーズで枝に何頭か木の実のようにつかまっている。木の実を採集する要領で採る。茹でて噛み締めると姿形に似ずやさしい甘味が印象的。

夏の虫たち

公園や神社の木々ではセミの合唱、原っぱではキリギリスの鳴き声がにぎやかです。林ではクワガタやコガネムシが活発に活動、水辺ではいろいろなトンボが飛び回ります。カマキリやバッタ、イナゴもぐんぐん大きくなっていきます。

オニヤンマ

トンボ目 *Anotogaster sieboldii*

体長 成虫82～114mm、幼虫50mm前後

分布 北海道～南西諸島（全国）

特徴 国内のトンボでは最大級。地域によって体の大きさにかなり差がある。平地から山にかけて、あらゆる小川、渓流周辺でみられる。

食性 肉食性。昆虫、小動物

食用態 成虫、幼虫

〔羽化〕

成虫はとても大型なので背中を割ると見える赤みの胸肉が十分な食べ応え。素揚げが食べやすいが、茹でたり蒸せばそのものの味が楽しめる。幼虫（ヤゴ）は佃煮などにして食べる。

ギンヤンマ

トンボ目 *Anax parthenope*

体長 成虫70～84mm、幼虫50mm前後

分布 北海道～南西諸島（全国）

特徴 頭から胸にかけての緑色が特徴的。平地から山にかけて広く、湖沼や池などの止水によくみられる。水草があれば公園の池などでも発生する。

食性 肉食性。昆虫、小動物

食用態 成虫、幼虫

〔産卵〕

成虫は赤みの胸肉を食べる。発達した飛翔筋の旨みはあるが、淡白なので、バター焼きなどするとより美味しくなる。ヤゴは佃煮にする。

シオカラトンボ

トンボ目 *Orthetrum albistylum*

体長 成虫50～55mm、幼虫20mm前後

分布 北海道～南西諸島（全国）

特徴 成熟したオスは胸や背が白粉でおおわれることから和名がついた。メスは緑色がかってムギワラトンボと呼ばれる。

食性 肉食性。昆虫、小動物

食用態 成虫、幼虫

〔成虫〕

成虫は揚げて丸ごとか、茹でて胸肉を食べる。名称の由来は老熟したオスの外見によるもので、けして塩辛の味はしない。ヤゴは一年中採れるので重宝する。

コオニヤンマ

トンボ目 *Sieboldius albardae*

体長 成虫75～85mm、幼虫38mm前後

分布 北海道～九州

特徴 分類上はサナエトンボ科。体に比べ頭が小さい。幼虫は小川などで育ち、羽化後は川の流域や丘陵などで活発な捕食活動をする。

食性 肉食性。昆虫、小動物

食用態 成虫、幼虫

〔成虫〕

成虫は茹でるか蒸して背中の筋肉を食べる。淡白でクセのない味。幼虫のヤゴは煮つけや佃煮などで食べるが、人によっては平たい腹部の外皮が少し気になるかも。

〔ヤゴの１種〕

日本の伝統的昆虫食①ヤゴ

トンボの幼虫はヤゴと呼ばれ、昔から佃煮にして食べられてきた伝統食。クセがなく、砂糖としょう油で煮付けた食味は川エビなどとよく似ている。

オオクラカケカワゲラ

カワゲラ目 *Paragnetina tinctipennis*

体長 成虫♂15mm、♀20mm、幼虫30mm前後

分布 本州〜九州

特徴 川の上流に生息し、幼虫は急流域の水中に暮らす。春の終わりから夏にかけ成虫になる。

食性 小型の水棲昆虫など（幼虫）

食用態 幼虫

天竜川で採れる川虫はザザムシと呼ばれ、その採集風景は冬の風物詩。かつてはザザムシの大半はカワゲラの幼虫だった。しょう油、砂糖で煮詰めて佃煮にして食べる。

カミムラカワゲラ

カワゲラ目 *Kamimuria tibialis*

体長 成虫 ♂20〜25mm、♀25〜28mm、幼虫20mm前後

分布 北海道〜九州

特徴 旧名はナミカワゲラ、カワゲラ。川の上流から中流にかけて生息。前頭部にM字形の斑紋がはっきりとある。

食性 小昆虫類（幼虫）

食用態 幼虫

ザザムシと呼ばれる幼虫は厳冬期に清流で採集する。大型なので、採れたてはフライパンで炒めると、素材の旨みが噛みしめるごとに味わえる。

ヒゲナガカワトビケラ

トビケラ目 *Stenopsyche marmorata*

体長 成虫17～27mm、幼虫40mm前後

分布 北海道～九州

特徴 平地の川、山地の渓流などに生息し、灯火や自販機の照明にもよく集まる。成虫は水中に潜って産卵する。

食性 珪藻など（水中の捕獲網でろ過摂食）（幼虫）

食用態 幼虫

成虫の大きさは翅長

COOKING GUIDE

蒸す　揚げる　焼く　**炒める**　炊く　**茹でる**　漬ける

近年ではザザムシの主材料。佃煮も市販されているが、新鮮なものはフライパンに油を回してサッと炒めると香ばしく、川海苔のような旨みが舌に広がる。

〔さまざまなカワゲラの幼虫（ザザムシ）〕

日本の伝統的昆虫食②ザザムシ

商品としてのザザムシは、大正初期に佃煮として販売が始まり、昭和23年から缶詰生産が始まったとされる。採れたてはフライパンで炒めると噛み締めるごとに旨みがにじむ。かつて清流に生息するカワゲラ類が主だったザザムシだったが、天竜川水域の汚染や護岸工事などによる河川環境の変化によって、少し汚染されても生息できるヒゲナガカワトビケラが多くを占めるようになった。佃煮が伝統的な調理法だが、フライパンにバターを少し回してカリカリに焼くとさらに食べやすくなる。

キリギリス（ヒガシキリギリス）

バッタ目 *Gampsocleis mikado*

体長 成虫38～57mm、幼虫30～35mm

分布 本州（ヒガシキリギリス）本州～九州（ニシキリギリス）

特徴 成虫のオスは夏の日差しの下、背の高い草むらの奥で、ギーーチョン、ギーーチョンと鳴く。雑食性だが選り好みがある。

食性 雑食性。草、小昆虫

食用態 成虫

〔成虫〕

雑食で昆虫類も食べるが虫臭さがなく食べやすい。素揚げにすると丸ごと食べられる。塩ゆでなどでふっくらした旨みを味わうこともできる。

夏のお楽しみ食材①キリギリス

夏の訪れを鳴き声で告げる大型バッタの一種。キリギリスの仲間は、どれも思ったより優しい味で食べやすい。警戒心が強く採集が難しいので、採れた時の喜びは大きい。

ヤブキリ

バッタ目 *Tettigonia orientalis*

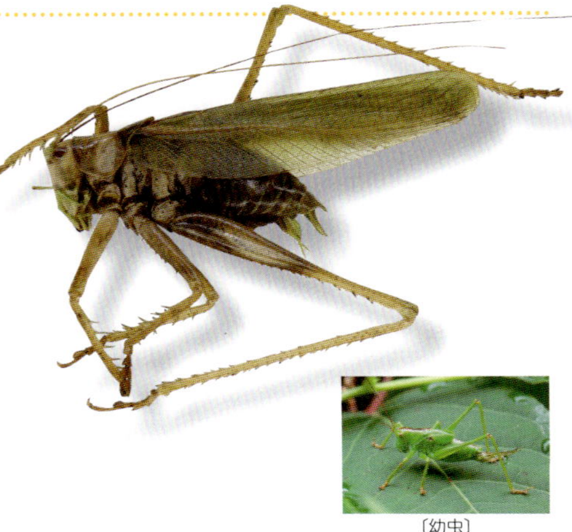

体長 成虫30～50mm、幼虫25～40mm

分布 本州～九州

特徴 幼虫期は草食性で草間に生息するが、成長するにつれ肉食性が強くなり、背丈の高い草や樹上に移り、どう猛になる。ジリジリジリ…と鳴く。

食性 葉、果実、花粉、花弁（幼虫）、昆虫（成虫）

食用態 成虫

〔幼虫〕

ショウリョウバッタ

バッタ目 *Acrida cinerea*

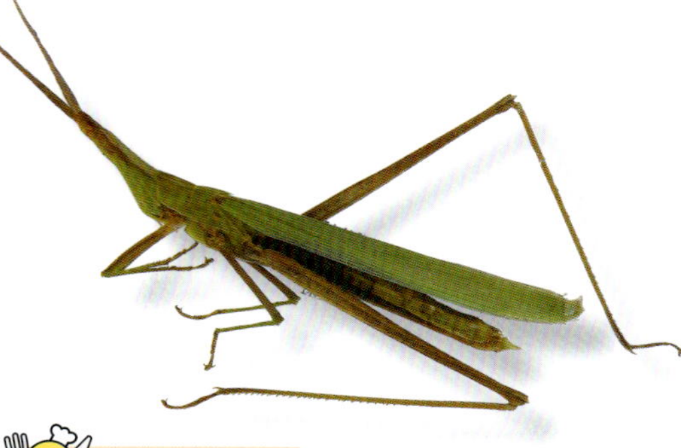

体長 ♂ 40～50mm、♀75～82mm

分布 本州～南西諸島

特徴 河原や公園の、比較的乾いた丈の低い草地に生息する。オスは飛ぶ際、翅を打ち合わせてキチキチと音を立てる。メスはオスより格段に大きい。

食性 イネ科植物の葉

食用態 成虫

〔成虫〕

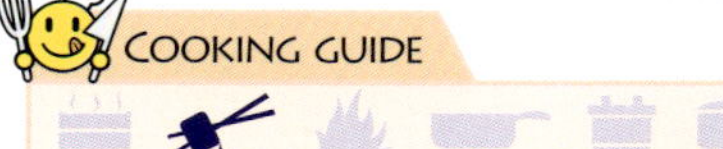

採集が容易でたくさん採れる。一見硬そうだが、素揚げすると丸ごとサックリ食べられる。大きいので食べ応えも十分。

ツマグロバッタ（ツマグロイナゴ）

バッタ目 *Stethophyma magister*

体長 ♂ 33～42mm、♀45～49mm

分布 本州～九州

特徴 後脚の関節部と翅の先端の黒色が特徴（オスに顕著）のあるバッタ。平地から山間部にかけてのやや湿った丈の高い草原に生息。

食性 イネ科植物、植物の葉

食用態 成虫

〔成虫〕

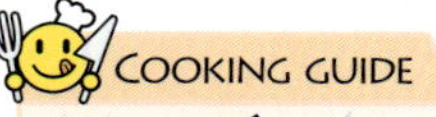

狭い範囲に密集するなど採集は容易。たくさん採れたら野菜といっしょにかき揚げなどにすると夕飯のおかずになる。佃煮にすれば保存が効く。

ホシハラビロヘリカメムシ

カメムシ目 *Homoeocerus unipunctatus*

体長 12～15mm

分布 本州～南西諸島

特徴 街中にはあまりおらず、潅木林や林縁、草原に生息する。触ると青リンゴのような臭気を放つ。大豆の害虫でもある。

食性 マメ科の雑草、特にクズ、フジ

食用態 成虫

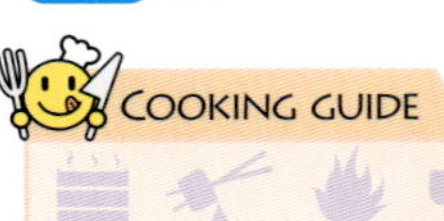

蒸す　揚げる　焼く　炒める　炊く　**茹でる**　**漬ける**

臭いは濃いと悪臭だが、薄いと良い匂いであることがよくある。少量を潰して薬味にすると香りが立つ。そのまま焼酎などに漬けても独特の香り付けになる。

クマゼミ

カメムシ目 *Cryptotympana facialis*

体長 成虫60～70mm、幼虫32～39mm

分布 本州～南西諸島

特徴 成虫は60mm以上となる大型の蝉。乾燥した環境を好むとされ、早朝から午前中にかけて、シャアシャア…ジー…と鳴く。

食性 キンモクセイ、サクラの樹液

食用態 成虫、幼虫

成虫の大きさは翅端まで

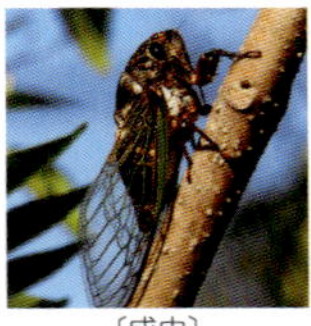

〔成虫〕

COOKING GUIDE

蒸す　**揚げる**　焼く　炒める　炊く　**茹でる**　漬ける

成虫は外皮がやや硬いので高温の油でしっかり揚げる。幼虫は食欲旺盛で樹液が体内に蓄積されている可能性もあるので、調理前にお尻の先端にハサミで切り込みを入れておくと樹液の青臭さが抜けていい。

アブラゼミ

カメムシ目 *Graptopsaltria nigrofuscata*

体長 成虫53～60mm、幼虫28～33mm

分布 北海道～九州

特徴 ジー…ジジジと鳴き、油で揚げ物をする際の音に似ていることが和名の由来とされる。世界に3000種いる蝉の中でも珍しい、不透明な翅を持つ。

食性 サクラ、ナシ、リンゴの樹液、果汁

食用態 成虫、幼虫

成虫の大きさは翅端まで

〔幼虫〕

日本のセミの中で最も美味しいのはアブラゼミである。成虫は揚げたてが香ばしく、サクサクしていてエビに似た食感がする。赤身の胸肉は意外と多く旨みがある。

〔羽化〕

 夏のお楽しみ食材②セミ 

セミは成虫も幼虫も食べられる。幼虫は暗くなって土から出てきて木に上り羽化するまでに採集する。時期と場所が合えば数時間で200から300匹採る名人もいる。揚げたてを頬張るとナッツの香ばしい匂いが鼻に抜ける。しっかり身が詰まっているのがセミ幼虫の特徴だ。燻製にするとさらに香りが立って美味しさが増す。漢方でセミ幼虫の抜け殻は皮膚のかゆみ止めとして知られる。いまでも漢方外来で処方している病院もある。

ツクツクボウシ

カメムシ目 *Meimuna opalifera*

成虫の大きさは翅端まで

体長 成虫40～47mm、幼虫22～27mm

分布 北海道～南西諸島（全国）

特徴 街中に生息しているが、他の蝉に比べて警戒心が強く、捕獲しにくい。ツクツク…ボーシ！ツクツク…ボーシ！ツクツク…ウィーヨース…と鳴く。

食性 広葉樹全般の樹液

食用態 成虫、幼虫

成虫も幼虫も揚げるのが美味しい。成虫は好みで調理前に翅を取る。幼虫はしっかりと身が詰まっていて、揚げたてを頬張るとナッツの香ばしい匂いが鼻に抜ける。

〔成虫〕

ニイニイゼミ

カメムシ目 *Platypleura kaempferi*

成虫の大きさは翅端まで

〔羽化〕

体長 成虫32～40mm、18～20mm

分布 北海道～南西諸島（全国）

特徴 広葉樹林や街中に生息。都市部では一時期減少したが、環境の変化に順応したのか再び増加中。オスはほぼ1日中、チー…ジーーと繰り返し鳴く。

食性 ケヤキ、サクラ、ミカン、ビワなどの樹液

食用態 成虫、幼虫

COOKING GUIDE

蒸す 揚げる 焼く 炒める 炊く 茹でる 漬ける

羽化直前の幼虫は絶品。成虫を食べるときは翅をむしって揚げると食べやすい。

ヒグラシ

カメムシ目 *Tanna japonensis*

体長 成虫41～50mm、幼虫21～26mm

分布 北海道(南部)～九州

特徴 日中の薄暗い林間や、街中などでは朝夕の薄暗い時間帯によく鳴く。甲高くカナカナカナ…という鳴き声から、カナカナゼミなどとも呼ばれる。

食性 広葉樹、スギ、ヒノキの樹液

食用態 成虫、幼虫

成虫の大きさは翅端まで

〔羽化〕

成虫も幼虫も旨みが濃厚で美味しい。成虫はしっかり揚げることでよりサクサク感が増して食べやすい。特に赤みの胸肉に旨みが濃い。翅が気になる人は前もって外しておく。

ミンミンゼミ

カメムシ目 *Oncotympana maculaticollis*

体長 成虫55～63mm、幼虫27～30mm

分布 北海道～九州

特徴 暑さの厳しい場所には少ない。幼虫は、高温乾燥状態になる日当たりの良い傾斜地の土中に多い。

食性 落葉広葉樹、サクラやケヤキの樹液

食用態 成虫、幼虫

成虫の大きさは翅端まで

成虫はお腹が空洞なので詰め物もできる。幼虫は中身が詰まっていてより美味しい。揚げるとナッツ味。天ぷらやフライもいいが、燻製にすると香りが加わり一段と美味しい。

〔羽化〕

アオドウガネ

甲虫目 *Anomala albopilosa*

体長 17～25mm

分布 本州～南西諸島

特徴 沿岸部の広葉樹林の葉や、サクラ、アジサイ等の葉にも見られる。体の上面（背）は金属光沢のある緑色が特徴。

食性 広葉樹の葉など

食用態 成虫

COOKING GUIDE

成虫は揚げると食べやすいが、飛翔筋に旨みが凝縮しているので、塩茹でして外皮を開き赤みの胸肉を食べるのがオススメ。幼虫は腐葉土など食べるので臭みが強く食用に向かない。

〔成虫〕

ドウガネブイブイ

甲虫目 *Anomala cuprea*

体長 17～25mm

分布 北海道～南西諸島（全国）

特徴 よく見られる普通種で、広葉樹林、果樹園、公園にも生息している。ブドウ、スギなどでは食害を起こす害虫として有名。

食性 ブドウ、スギの葉、ブドウの実、クリの花

食用態 成虫

成虫はカラッと揚げることで外皮ごとカリカリ食べられる。大きめのものを茹でる場合は外皮を開き胸肉を食べる。

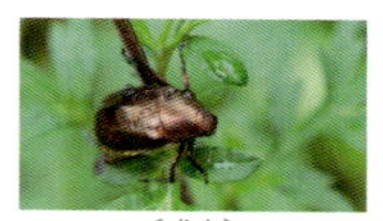

〔成虫〕

ヒメコガネ

甲虫目 *Anomala rufocuprea*

体長 13～16mm

分布 北海道～九州

特徴 上面（背）に金属光沢があり、緑や銅色など固体により変化が多い。ブドウやクリ、ダイズ、アズキなど作物の害虫として知られる。

食性 ブドウ、クリ、ダイズ、アズキ、サクラなどの葉

食用態 成虫

〔緑銅色型〕

COOKING GUIDE

成虫は高温の油で揚げると外皮ごとカリカリ食べられる。大型のコガネムシ類にくらべ、小型種は特に食べやすい。

〔黒色型〕

マメコガネ

甲虫目 *Popillia japonica*

体長 9～13mm

分布 北海道～九州

特徴 川の土手の草地、林縁などで非常によく見られる普通種。マメ科植物の大害虫としても知られる。

食性 マメ科植物、ブドウ、ヤナギ等の葉、クリの花

食用態 成虫

成虫はカラッと揚げることで外皮ごとカリカリ食べられる。ヒメコガネ同様、甲虫でも小型のマメコガネは食べやすい。

〔成虫〕

アオハナムグリ

甲虫目 *Cetonia roelofsi*

体長 15～20mm

分布 北海道～九州

特徴 上面（背）は緑色で、光沢や毛はない。広く分布し、成虫は5～8月に見られる。

食性 各種の花

食用態 成虫

COOKING GUIDE

蒸す　**揚げる**　焼く　炒める　炊く　茹でる　漬ける

成虫は揚げると外皮ごとカリカリ食べられる。小型のハナムグリ類は食べやすい。

〔成虫〕

オオアオゾウムシ

甲虫目 *Chlorophanus grandis*

体長 12～15mm

分布 北海道、本州、九州

特徴 広葉樹林や草地に生息し、ヤナギ、ミズナラ、タデ類などの葉に集まる。数は少ないが、北日本に多い。

食性 広葉樹全般の根、葉

食用態 成虫

COOKING GUIDE

蒸す　**揚げる**　焼く　**炒める**　炊く　茹でる　漬ける

外皮が硬そうなゾウムシ類も小型、中型の種なら、揚げたり炒めたりすればカリカリ食べられる。

ハスジカツオゾウムシ

甲虫目 *Lixus acutipennis*

体長 9～14mm

分布 本州～九州

特徴 林縁、草地のアザミ、ヨモギ、キク科植物を食べに集まる普通種。体は黒色で白色の微毛が覆う。

食性 アザミ、ヨモギ類

食用態 成虫

外皮は硬そうだが、揚げればカリカリ食べられる。フライパンでさっとバターで炒めても香りと食感を楽しめる。

〔成虫〕

ツノトンボ

アミメカゲロウ目 *Hybris subjacens*

体長 成虫63～75mm、幼虫17mm前後

分布 本州～九州

特徴 草原でよく見られ、トンボ目と見間違われる。ススキなどの茎に産卵する。成虫のメスは強い臭気を出し、捕らえると噛み付く。

食性 小昆虫

食用態 成虫

成虫の大きさは開張

〔成虫〕

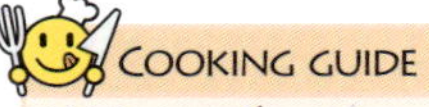

トンボと思ったらチョウのような触角、これがツノトンボだ。茹でた胸肉はトンボほどの旨みはない。さっと揚げてサックリと食べる。

オオミノガ

チョウ目 *Eumeta japonica*

体長 成虫30～40mm、幼虫♂20mm、♀35mm

分布 本州(関東以西)～南西諸島

特徴 いわゆるミノムシの代表格。オスはガの形になるが、口は退化して何も摂れない。メスは翅、脚ともなく、卵を持つ腹部が体の大半を占め、蓑内部に留まる。

食性 サクラ、カキノキ、イチジクなど多くの植物の葉(幼虫)

食用態 幼虫、成虫(メス)

成虫の大きさは開張

〔成虫メス〕

COOKING GUIDE

蒸す　揚げる　焼く　**炒める**　炊く　茹でる　漬ける

幼虫を食べる。バター炒めなどにするとクセが無く、美味しくいただける。卵を持つメスも蓑の中から採集し、卵の食感を楽しむ。

イラガ

チョウ目 *Monema flavescens*

体長 成虫32～34mm、幼虫25mm前後

分布 北海道～九州

特徴 街中でもよく見られ、灯火に飛来する。スズメノテッポウなどとも呼ばれる。翅の模様は特徴的。

食性 ブナ科、カキノキ科などの樹木の葉(幼虫)

食用態 蛹

成虫の大きさは開張

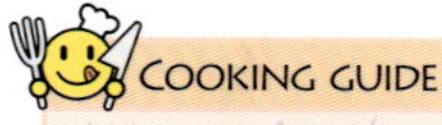

COOKING GUIDE

蒸す　揚げる　焼く　**炒める**　炊く　茹でる　漬ける

〔繭〕

〔幼虫〕

蛹が美味。白と黒の模様のある硬い繭を採って割り、そのままフライパンで煎る。

幼虫に要注意!? のイラガ

イラガの蛹は美味だが、幼虫には注意が必要。イラガ幼虫に刺されたことがあるだろうか。ものすごく痛い。柿の木などにもよくいて、実を取ろうと上って刺されると電撃が走り、木から落ちかねない。

ブドウスカシバ

チョウ目 *Nokona regalis*

体長 成虫♂29～33mm、♀29～37mm

分布 北海道～九州

特徴 外見は、体型や色合いがアシナガバチとよく似ているため見間違われやすい。ブドウの重要な害虫。老熟幼虫は釣り餌のブドウムシとして流通する。

食性 ブドウ科植物の新梢（幼虫）

食用態 蛹、幼虫

成虫の大きさは開張

〔幼虫〕

COOKING GUIDE

しょう油の付け焼きもいいしフライパンに軽く油を回してソテーしても香ばしくて美味しい。かつてはエビヅルムシといい小児の疳の虫の薬として用いられた。

ハチノスツヅリガ

チョウ目 *Galleria mellonella*

体長 18～30mm

分布 本州～南西諸島

特徴 小型のガで幼虫はハチの巣に寄生して巣の蝋を食べる。養蜂家にとっては害虫だが、幼虫はハニーワームと呼ばれ各種動物の餌としても流通している。

食性 ミツバチの巣（幼虫）

食用態 幼虫

成虫の大きさは開張

COOKING GUIDE

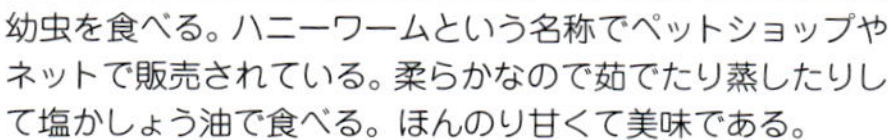

幼虫を食べる。ハニーワームという名称でペットショップやネットで販売されている。柔らかなので茹でたり蒸したりして塩かしょう油で食べる。ほんのり甘くて美味である。

エビガラスズメ

チョウ目 *Agrius convolvuli*

体長 成虫80～105mm、幼虫80～90mm

分布 北海道～南西諸島（全国）

特徴 腹部はエビの殻のような模様のためこの和名がある。スズメガ科の幼虫は尾角という尖った角を持つ。繭は作らず土中で蛹になる。

食性 ヒルガオ科、マメ科、ツルナ科、ナス科の葉（幼虫）

食用態 蛹、幼虫、成虫

成虫の大きさは開張

〔幼虫〕

COOKING GUIDE

蒸す　揚げる　焼く　炒める　炊く　茹でる　漬ける

スズメガ科の幼虫、蛹はどれもおいしいが、本種は特に肉厚で食べ応えがある。筋肉の旨みが濃い。成虫もメスは卵があることが多く、揚げてプチプチした食感を楽しむ。

チャレンジ食材スズメガ

スズメガはヤママユガと並んで日本最大級のガの仲間である。有毒なキョウチクトウを食樹とするキョウチクトウスズメ以外は食べることができる。幼虫は食用に向いているが、当然ながら美味しい種もあればあまり美味しくない種もある。触ってみて弾力があるほうが肉厚で美味しい。（→39ページ）

コスズメ

チョウ目 *Theretra japonica*

体長 成虫55～80mm、幼虫75～80mm

分布 北海道～南西諸島（全国）

特徴 全国的に見られる普通種で、ツタやヤブカラシの上に飛来する。翅や体の黒色や白色の線は不明瞭。

食性 アカバナ科、ブドウ科などの葉（幼虫）

食用態 蛹、幼虫

成虫の大きさは開張

〔幼虫〕

セスジスズメ

チョウ目 *Theretra oldenlandiae*

成虫の大きさは開張

体長 成虫50～80mm、幼虫80～85mm

分布 北海道～南西諸島（全国）

特徴 腹部の上面（背）にコスズメと異なり、明瞭な白い線がある。全国的な普通種で、ホウセンカやヤブカラシに集まる。

食性 ブドウ科、ツリフネソウ科、サトイモ科の葉（幼虫）

食用態 蛹、幼虫

大型のガは幼虫、蛹を食べる。また、成虫のメスは秋に卵がお腹に入っていることが多い。卵のプチプチした食感がなんともいえない。

〔蛹〕

ビロウドスズメ

チョウ目 *Rhagastis mongoliana*

成虫の大きさは開張

体長 成虫45～60mm、幼虫75mm前後

分布 本州～九州

特徴 幼虫は体に眼紋を持っており見た目がマムシに似ている。成虫は褐色のあまり目立たない容姿で、5～8月に現れる。

食性 アカネ科、ブドウ科、ツリフネソウ科の葉（幼虫）

食用態 蛹、幼虫

〔幼虫〕

〔幼虫〕

〔蛹〕

モモスズメ

チョウ目 *Marumba gaschkewitschii*

体長 成虫70～90mm、幼虫70～80mm

分布 北海道～九州

特徴 バラ科を中心に食べ、平地にも分布するため庭先や公園にもよく見られる。後翅に桃色部があるのが和名の由来。

食性 バラ科、ツゲ科、スイカズラ科、ニシキギ科の葉（幼虫）

食用態 蛹、幼虫

成虫の大きさは開張

〔幼虫〕

シモフリスズメ

チョウ目 *Psilogramma incretum*

体長 成虫110～130mm、幼虫90mm前後

分布 本州～南西諸島

特徴 全国的な普通種。スズメガの中でも大型で灰色の翅に黒筋模様が入っている。幼虫は緑色でつるんとした体表を持つ。

食性 キリ、サカキ、ナス、オリーブなどの葉（幼虫）

食用態 蛹、幼虫

成虫の大きさは開張

〔幼虫〕

〔蛹〕

オオスカシバ

チョウ目 *Cephonodes hylas*

体長 成虫50～70mm、幼虫60～65mm

分布 本州～南西諸島

特徴 幼虫はクチナシの葉を好み、栽培種を食害する。成虫は透明な翅を持ち、胴は緑色でずんぐりと太い。日中、様々な花に飛来する。

食性 クチナシの葉(幼虫)

食用態 蛹、幼虫、フン

成虫の大きさは開張

〔幼虫〕

幼虫はあまり食べ応えはない。特に味の特徴はないが、噛むとイモムシ特有のやさしい甘味が口に広がる。揚げると食べやすいが、茹でた方がそのものの味を楽しめる。フンを煮だしたお茶は葉緑素の味。

モンクロシャチホコ

チョウ目 *Phalera flavescens*

体長 成虫45～60mm、幼虫50mm前後

分布 北海道～九州

特徴 成虫は6～8月に現れるが、食用となる幼虫の採集は終齢となる秋。幼虫時は群生し、サクラの葉を食べる害虫として知られる。

食性 バラ科の葉(幼虫)

食用態 幼虫

成虫の大きさは開張

サクラケムシの名で知られる幼虫は絶品。桜の葉を食べて成長した後、秋に蛹化のため木から降りてくるところを採集する。上品な桜の香りには誰しも驚く。

〔幼虫〕

フタトガリアオイガ

チョウ目 *Xanthodes transversa*

体長 成虫40～43mm、幼虫38mm前後

分布 本州～南西諸島

特徴 樹林などよりも公園や庭、寺社境内などの人家周辺、市街地に広く生息する。普通種で個体数も多く、灯火にも飛来する。

食性 アオイ科植物の葉（幼虫）

食用態 幼虫

成虫の大きさは開張

〔さまざまな色のフタトガリアオイガの幼虫〕

小さいので茹でたり蒸したりして食用とする。多少青臭いのはお腹に未消化物が入っているため。味はほとんど無味無臭で淡白。

イモムシ・ケムシの美味しい食べ方

フタトガリアオイガの幼虫はアオイ、フヨウ、ムクゲ、ハマボウ、オクラなどのアオイ科の植物に群れており、採集しやすい。このフタトガリアオイガの幼虫をはじめ、葉を食べるイモムシは青臭さを感じることがある。青臭さが気になるものは一日絶食させてフン抜きをする。

フクラスズメ

チョウ目 *Arcte coerula*

体長 成虫75～85mm、幼虫70～80mm

分布 北海道～南西諸島（全国）

特徴 幼虫は見た目に派手で毒々しいが、毒は持っていない。大量発生すると植物を茎を残して食べつくすこともある。成虫は灯火やクヌギなどの樹液に飛来する。

食性 イラクサ科の植物の葉（幼虫）

食用態 幼虫

成虫の大きさは開張

〔幼虫〕

〔幼虫〕

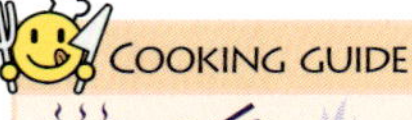

幼虫の外側は比較的弾力がある。さっぱりした甘味があり、嫌味がなく、普通に食べられる。外見の派手な色彩とは裏腹におとなしい味。

美味しいイモムシ、ケムシの見分け方

さわって弾力のある種は筋肉が詰まっていて美味しい。一日絶食させるとはっきりする。たとえばエビガラスズメは硬く張りがあり旨味があるが、セスジスズメやコスズメなどはフニャフニャでやわらかく、食べられないことはないが調理に工夫が必要。ちなみにケムシはフライパンで乾煎りすると毛が取れて安全で食べやすくなる。

〔エビガラスズメ〕

〔セスジスズメ〕

〔コスズメ〕

セグロアシナガバチ

ハチ目 *Polistes jokahamae*

体長 16～22mm

分布 本州～九州

特徴 家屋の軒下や庭木、生垣の中、潅木の枝に営巣する。ハスの花を吊ったような巣を作る。数十から100匹ほどの集団で生活する。

食性 花蜜（成虫）、蝶・ガの幼虫（幼虫）

食用態 蛹、幼虫

スズメバチに比べると、小さいが食べることはできる。さっとフライパンで炒めると香ばしい。スズメバチより採集しやすいので、十分注意して採集に挑戦してみたい。

〔成虫〕

ミカドガガンボ

ハエ目 *Ctenacroscelis mikado*

体長 30～40mm

分布 本州～九州

特徴 日本最大のガガンボで、開張は80mmほどにもなる。低山や森林の周辺で見られる。幼虫は湿地の土中に住む。

食性 腐植性（幼虫）

食用態 成虫

素揚げすると脚がピンと伸びてクモに似た揚がり方になる。パリパリした食感を楽しもう。茹でると、やわらかな腹部の食感に特徴があり、いくらかの旨味もある。

〔ガガンボの１種〕

カボチャミバエ

ハエ目 *Paradacus depressus*

体長 成　虫 9～10mm、幼虫 12mm前後

分布 本州～南西諸島

特徴 成虫はハチに似た模様のハエで、ウリ科のカボチャなどの柔らかい実に産卵する。カボチャなどの重大な食害虫として知られる。

食性 ウリ科作物の果実（幼虫）

食用態 蛹、幼虫

〔蛹、幼虫〕

さっと茹でて口に含むとカボチャの香りがして、噛むと外皮に弾力があり、味はほとんどない。茶色の蛹にもこれといった特徴的な味はない。

世界のハエ食文化

熟した無農薬カボチャに耳を当てて叩くと、カボチャミバエが内部で跳ねる音が聞こえることがある。幼虫は手に載せると3センチほどジャンプする。その外見はウジそのものだが、カボチャだけを食べて育つきれいなハエだ。

一方、世界に目を向けるとハエの幼虫を食べる文化は各地に存在する。日本でも知られているのは、イタリアの「カース・マルツゥ」と呼ばれるチーズとともに食べる「チーズバエ」の1種。このチーズは、ハエの幼虫をチーズの中で成長させ、その体外消化作用を利用して極度に発酵を進めるという珍しいチーズだ。カボチャミバエの幼虫と同様、チーズバエの幼虫も飛び跳ねるが、こちらは15センチほどもジャンプするという。食べる際に幼虫を取り除かずに、生きたままでチーズと一緒に食べるのが通といわれている。

オオゴキブリ

ゴキブリ目 *Panesthia angustipennis*

体長 40～45mm

分布 本州～九州

特徴 暖帯林の朽ち木の中で、樹皮下や木質部の内部を食って、成虫と幼虫が群居している。消化管には原虫が共生し、木の消化に役立っている。

食性 朽ち木、菌類、樹液

食用態 成虫、幼虫

採れたてを素揚げで食べると、バッタに似てサクサクして、クセもなくとても美味しい。冬場は朽ち木に越冬するコロニーから大量に採れたら佃煮にするのもいい。

〔成虫〕

ヤマトゴキブリ

ゴキブリ目 *Periplaneta japonica*

体長 20～30mm

分布 本州、九州

特徴 野外にも生息するが、屋内害虫として有名で、初夏には成虫が室内の様々な食品をかじる。

食性 果実、野菜、昆虫の死がい

食用態 成虫

日本固有のヤマトゴキブリは、郊外や雑木林に暮らすことも多い。カブトムシなどと樹液を吸っている個体が食用に適する。雑食性なので、しっかり熱を通す。素揚げがよい。

〔成虫メス〕

ナナフシモドキ

ナナフシ目 *Baculum irregulariterdentatum*

体長 70～100mm

分布 本州～九州

特徴 大型のナナフシ。単為生殖で、メスしかいないが、ごく稀に飼育下などでオスが出現する。動きは緩慢で擬態により見つけにくい。

食性 サクラ、ケヤキなど広葉樹の葉

食用態 成虫

COOKING GUIDE

ナナフシ類は枝にそっくりなので、脚を取り除いて、さっと揚げてから、溶かしたチョコレートでコーティングしてスナック菓子風にするのも楽しい。

ニホントビナナフシ

ナナフシ目 *Micadina phluctaenoides*

体長 36～56mm

分布 本州～南西諸島

特徴 平地から山にかけての広葉樹林に生息。一般に単為生殖でメスだけで増えるが、稀にオスも出現する。

食性 クヌギ、クリ、シイの若葉

食用態 成虫

ニホントビナナフシの前翅の下部はきれいな赤い色なので、翅だけはずして他の食材のトッピングなどに使うと彩りのアクセントになる。

〔成虫〕

コクワガタ

甲虫目 *Dorcus rectus*

体長 成虫♂20～54mm、♀20～33mm

分布 北海道～南西諸島（全国）

特徴 広葉樹林、ブナ林、クヌギなどの木に集まる。灯火にも飛来する。クワガタムシの中で最も一般的。

食性 白色腐朽材（幼虫）、クヌギ、ナラなどの樹液（成虫）

食用態 蛹、幼虫

幼虫や蛹はカミキリムシに準じて美味しい。炒めて塩コショウでシンプルに食べる。ちなみに、美味しそうに見えるカブトムシの蛹・幼虫は臭みが強く食材には向かない。

〔幼虫〕

ノコギリクワガタ

甲虫目 *Prosopocoilus inclinatus*

体長 成虫♂26～75mm、♀19～41mm

分布 北海道～南西諸島（全国）

特徴 オスの大アゴは細かい内歯が鋸状にある。幼虫は樹木の根を食い荒らす代表種。広葉樹の切り株根部に多く見つかる。

食性 クヌギ、ヤナギ、ニレ、カシ類の樹液

食用態 蛹、幼虫

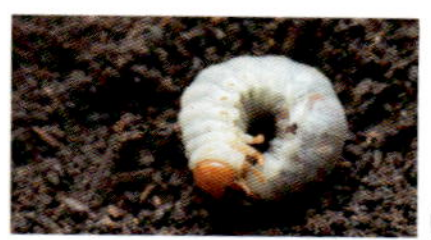

〔幼虫〕

シロテンハナムグリ

甲虫目 *Protaetia orientalis*

体長 16～25mm

分布 本州～南西諸島

特徴 幼虫は腐植質を食べて育つため、広葉樹林などに見られる。上面(背)は金属光沢質の緑色で、前翅に白い点がみられる。

食性 各種の花、樹液

食用態 成虫

COOKING GUIDE

蒸す　**揚げる**　焼く　炒める　炊く　茹でる　漬ける

成虫は他のコガネムシの仲間と同様に、揚げることで外皮ごとカリカリ食べられる。やや大きいので外皮が気になる場合は開いて中身を食べる。

〔成虫〕

カナブン

甲虫目 *Rhomborrhina japonica*

体長 22～30mm

分布 本州～南西諸島

特徴 雑木林やその周辺などで見られ、日中に樹液に集まる。光沢を持つ背面の色は銅色や緑色など色彩変異が大きい。

食性 クヌギやコナラ等の広葉樹の樹液

食用態 成虫

COOKING GUIDE

揚げて丸ごと食べるのが基本だが、シロテンハナムグリと同様にやや大型なので、外側を開いて中身だけを食べる方法もある。

〔銅色型〕

ウバタマコメツキ

甲虫目 *Paracalais berus*

体長 成虫22～30mm、幼虫45mm前後

分布 本州～南西諸島

特徴 体は黒色で、上面(背)は、黒と灰褐色、白の短い鱗毛が斑紋を描く。成虫は4月頃現れ、マツ類の立ち枯れに集まる。

食性 昆虫類(幼虫)

食用態 幼虫

幼虫が食用になる。朽木などにいて他の甲虫の幼虫を食べる。外見はミルワームに似る。肉食だが旨みが濃厚で美味しい。揚げれば外皮も気にならない。

オオクシヒゲコメツキ

甲虫目 *Tetrigus lewisi*

体長 21～35mm

分布 北海道～南西諸島(全国)

特徴 さまざまな樹種の林に生息しているが、数は少ない。枯れ木や朽ち木の中から出てくることもある。

食性 樹液(成虫)

食用態 幼虫

ヒゲコメツキ

甲虫目 *Pectocera fortunei*

体長 21～30mm

分布 北海道～南西諸島(全国)

特徴 成虫は5月頃より幅広く多様な樹林に見られ、花や灯火などに集まる。オスは触覚が大きなくしひげ状で特徴的。

食性 昆虫類(幼虫)

食用態 幼虫

〔成虫〕

ベニカミキリ

甲虫目 *Purpuricenus temminckii*

体長 成虫13～17mm、幼虫34mm

分布 北海道～九州

特徴 成虫は4月頃から出現し、クリ、ガマズミなどの花に集まる。伐採したマダケやモウソウチクにも飛来する。

食性 タケ類の枯れた材部（幼虫）

食用態 蛹、幼虫

〔成虫〕

COOKING GUIDE

蒸す　揚げる　焼く　炒める　炊く　茹でる　漬ける

成虫は赤色をしたきれいなカミキリムシ。幼虫は竹類を食べて育つ。小型だが幼虫の味はカミキリムシの名に恥じず美味しい。竹の香りが本種の特徴である。成虫自体は食べにくいが、赤い翅は料理によって飾りとして使ったりする。

ウスバカミキリ

甲虫目 *Aegosoma sinicum*

体長 成虫30～58mm、幼虫60mm前後

分布 北海道～南西諸島（全国）

特徴 6月頃からクヌギ、ハンノキといった雑木林や河原のヤナギ林などで見られる。体に光沢はなく褐色。

食性 落葉樹の老壮木、針葉樹の枯死・腐朽木（幼虫）

食用態 成虫、蛹、幼虫

〔成虫〕

COOKING GUIDE

蒸す　揚げる　焼く　炒める　炊く　茹でる　漬ける

カミキリムシ幼虫は生木を穿孔するのがほとんどだが、本種は倒木や朽木の内部にいるため、比較的発見しやすい。脂の乗った幼虫や蛹は軽く焼いて塩を振るだけで美味しい。

ゴマダラカミキリ

甲虫目 *Anoplophora malasiaca*

体長 成虫40～55mm、幼虫80mm前後

分布 北海道～南西諸島（全国）

特徴 体は黒色で光沢があり、前翅と触角に明瞭な白紋がある。雑木林や街中・公園の並木などにみられる。

食性 ヤナギ類、柑橘類等の若枝の樹皮（成虫）、ヤナギ類、ミカンやバラ科の植物の生木（幼虫）

食用態 成虫、蛹、幼虫

カミキリムシの幼虫は昆虫食材の中でも特に美味とされる。採ったばかりの幼虫や蛹はフライパンで炒めて塩コショウが一番。成虫もホイル焼きなどして開くと赤身の胸肉に旨みがある。

〔幼虫〕

〔蛹〕

優秀食材カミキリムシ①

ほとんどのカミキリムシ幼虫は生木を穿孔するため農業害虫として嫌われるが、食材として考えれば大小を問わず価値が逆転する。幼虫や蛹は甘味とコクが強く、クリーミーで脂が多く、ふんわり甘いバターの食感。

アオスジカミキリ

甲虫目 *Xystrocera globosa*

体長 15～35mm

分布 本州～九州

特徴 成虫は6月頃から現れ、ネムノキの枯れ木、衰弱木に夜集まり、灯火にも飛来する。体は褐色で、前翅に金属光沢のある緑色の縦線がある。

食性 ネムノキの材（成虫）、ネムノキ、アカシアなどの枯死木や腐朽木（幼虫）

食用態 蛹、幼虫

ルリボシカミキリ

甲虫目 *Rosalia batesi*

体長 14～30mm

分布 北海道～九州

特徴 広葉樹の枯れ木、伐採木、倒木、シイタケのほだ木などにも見られる。黒色、水色、青緑色が特徴の、よく目立つカミキリムシ。

食性 ブナ科、クルミ科、カエデ科の枯れ木（幼虫）

食用態 蛹、幼虫

キマダラカミキリ

甲虫目 *Pseudaeolesthes chrysothrix*

体長 22～35mm

分布 本州～九州

特徴 キマダラミヤマカミキリの名前が主流となってきた。体色は赤褐色で黄金色のビロード状の体毛で覆われる。広葉樹林とその林縁に生息。

食性 ブナ科・ヤナギ科樹木の樹液（成虫）、クヌギ、コナラなどの腐朽木（幼虫）

食用態 蛹、幼虫

シロスジカミキリ

甲虫目 *Batocera lineolata*

体長 成虫40～55mm、幼虫80mm前後

分布 本州～南西諸島

特徴 大型種で体の上面（背）は黒色に灰白色の微毛が覆う。翅の斑紋は白色だが、生きている間は黄色味を帯びる。都市では減少。

食性 コナラ、クリ、ヤナギ類の樹幹や葉（成虫）、ヤナギ類、ブナ類などの生木（幼虫）

食用態 成虫、蛹、幼虫

〔成虫〕

〔成虫〕

COOKING GUIDE

蒸す　揚げる　焼く　炒める　炊く　茹でる　漬ける

冬場の幼虫には脂肪分がたっぷり含まれ、マグロのトロの味とも形容されるほど美味である。網で直焼きもいいし、フライパンで軽くソテーするのもいい。成虫も筋肉が多いので胸肉の旨みを楽しめる。

優秀食材カミキリムシ②

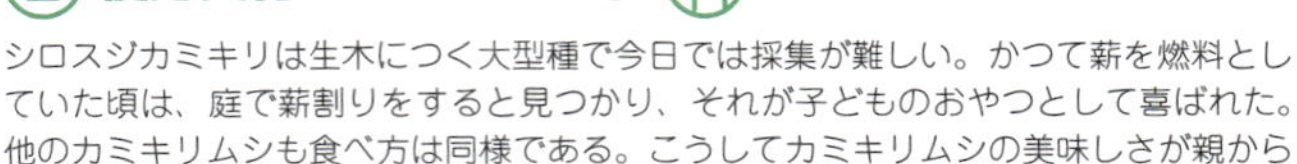

シロスジカミキリは生木につく大型種で今日では採集が難しい。かつて薪を燃料としていた頃は、庭で薪割りをすると見つかり、それが子どものおやつとして喜ばれた。他のカミキリムシも食べ方は同様である。こうしてカミキリムシの美味しさが親から子へと伝承された。

センノキカミキリ

甲虫目 *Acalolepta luxuriosa*

体長 成虫10～18mm、幼虫50mm前後

分布 北海道～南西諸島（全国）

特徴 成虫は6～8月に現れ、全体に黒く、灰黄褐色の微毛に覆われる。上翅はビロード状。

食性 センノキ、タラノキなどの生木（幼虫）

食用態 蛹、幼虫

タケトラカミキリ

甲虫目 *Chlorophorus annularis*

体長 9～15mm

分布 本州～南西諸島

特徴 全体に黄色地に黒い斑紋のある姿で、名前の通り成虫は竹に産卵し、幼虫はそれら竹の材を食べて育つ。

食性 枯れたタケ類の材（幼虫）

食用態 蛹、幼虫

キボシカミキリ

甲虫目 *Psacothea hilaris*

体長 成虫14～30mm、幼虫45mm前後

分布 本州～南西諸島

特徴 成虫は5月頃より出現し、クワ科の植物に集まる。名前の通り前翅に黄色紋があり、触角は長め。

食性 クワ科植物の葉（成虫）、その生木（幼虫）

食用態 成虫、蛹、幼虫

COOKING GUIDE

蒸す 揚げる 焼く 炒める 炊く 茹でる 漬ける

カミキリムシといえば幼虫・蛹が美味だが、成虫もおいしい。蒸し焼きにして開いて赤みの胸肉を食べる。

マツノマダラカミキリ

甲虫目 *Monochamus alternatus*

体長 14～27mm

分布 本州～南西諸島

特徴 針葉樹、マツ類の衰弱木に寄生し枯死させる森林害虫。赤褐色で灰褐色が混じったまだら状の模様を持つ。

食性 モミやアカマツなどマツ類の衰弱木(幼虫)

食用態 蛹、幼虫

〔幼虫〕

〔カミキリムシによる食害の例〕

 取り戻せるか。昆虫食文化 

かつての子どもが、おやつとして当たり前に食べていたカミキリムシ。カミキリムシは野山へ行けば今でも採れるが、それを食べていた頃の昆虫食の文化は絶滅寸前だ。自然と人間の暮らしの有機的な関係が失われたいま、昆虫食をはじめとする様々な貴重な食文化も失われてしまった。特に都会でそれが著しい。大きな公園でも多様な昆虫層が形成されない。そうした息苦しさから脱出して田舎暮らしを始める若者たちが増えてきている。彼らは人間の動物的側面の喪失を敏感に感じ取り、そこへの回帰を田舎暮らしに求めているのだろうか。昆虫を食べると、自然との距離が一気に縮まる。まずは美味しいカミキリムシを食べて自然に接近してみてはどうだろうか。

クリシギゾウムシ

甲虫目 *Curculio sikkimensis*

体長 成　虫 6～10mm、幼虫 12mm前後

分布 北海道～九州

特徴 成虫はクリの実に孔を開けて産卵し、幼虫は子葉を食べて育つ。老熟幼虫は土中で蛹になる。クリの実からよく幼虫が見つかる。

食性 クリの子葉（幼虫）

食用態 幼虫

COOKING GUIDE

蒸す　揚げる　焼く　**炒める**　炊く　**茹でる**　漬ける

幼虫はフライパンで少量の油を熱してサッと炒めると香ばしい。煎ってもいい。茹でて噛むとプチッと外皮がはぜてクリの実に似た甘味がひろがる。

オオゾウムシ

甲虫目 *Sipalinus gigas*

体長 12～29mm

分布 北海道～南西諸島（全国）

特徴 成虫はマツやスギなどの針葉樹の枯れ木に集まりやすく、スギの食害虫でもある。灯火にも集まり、体長は個体差が大きい。

食性 樹液

食用態 成虫

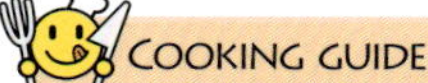

ゾウムシの中でも、オオゾウムシは外皮のやや硬い大型の個体がいるので、成虫は割って中身を食べた方がよい。

〔成虫〕

ヘビトンボ

アミメカゲロウ目 *Protohermes grandis*

体長 成虫80～100mm、幼虫50mm前後

分布 北海道～九州

特徴 幼虫はムカデ型で渓流に棲む。孫太郎虫と呼ばれ、子どもの疳（夜泣き、ひきつけなど）の薬に用いられた。

食性 水生昆虫（幼虫）

食用態 幼虫

成虫の大きさは開張

〔幼虫〕

トビケラやカワゲラより大型なので、フライパンでしょう油の付け焼きなどで食べると味わい深く、食べ応えもある。必須アミノ酸なども豊富な栄養食品。

日本の伝統的昆虫食③ヘビトンボ

ヘビトンボの幼虫は「孫太郎虫」として名高い。かつては小児の疳の虫の特効薬として高値で取引された。5匹ずつ竹の串にさしたものが何本かまとめて桐の箱に入って売られていた。1串ずつ砂糖じょう油をつけて焼いて小児に与えたらしい。いまでは取り扱っている薬局はほとんどない。

ゴマフボクトウ

チョウ目 *Zeuzera multistrigata leuconota*

体長 成虫35～70mm、幼虫35～50mm

分布 北海道～本州

特徴 地面に近い木部に穿孔する。成虫は6～8月に現れ、樹皮に産卵し、幼虫は幹や枝に潜って寄生する。

食性 ブナ科、ツツジ科など多くの広葉樹の材（幼虫）

食用態 幼虫

成虫の大きさは開張

〔成虫〕

赤い色をした幼虫が少ないなか、ゴマフボクトウの赤い幼虫は虫料理に彩りを与えてくれる貴重な存在だ。旨みが濃厚で銀杏に似た味がする。

トサカフトメイガ

チョウ目 *Locastra muscosalis*

成虫の大きさは開張

体長 成虫33～41mm、幼虫35mm前後

分布 本州～南西諸島

特徴 クルミの木などに巣を作り、大発生して食害をもたらすことがある。日本のフトメイガ種の中で最大級。

食性 ウルシ科、クルミ科植物の葉（幼虫）

食用態 幼虫

〔幼虫〕

〔幼虫〕

COOKING GUIDE

蒸す 揚げる 焼く 炒める 炊く 茹でる 漬ける

幼虫を食べる。茹でて食べるとほろ苦い。餌のクルミの葉の成分か。数日絶食させてサクッと揚げると食べやすい。

シンジュサン

チョウ目 *Samia cynthia*

成虫の大きさは開張

体長 成虫110～140mm、幼虫50mm前後

分布 北海道～南西諸島（全国）

特徴 成虫は翅の模様が特徴的で、大型種。幼虫はシンジュ（ニガキ科）の葉を食べるためにこの和名がついている。

食性 ニガキ科、ミカン科、ブナ科など幅広い樹種の葉（幼虫）

食用態 蛹、幼虫

〔幼虫〕

COOKING GUIDE

蒸す 揚げる 焼く 炒める 炊く 茹でる 漬ける

大型のガの幼虫、蛹はどれも美味しい。最初は揚げると食べやすいが、慣れたら茹でたり蒸したりすると、より本来の味を楽しむことができる。

ツマキシャチホコ

チョウ目 *Phalera assimilis*

体長 成虫47～75mm、幼虫50mm前後

分布 北海道～九州

特徴 幼虫は雑木林のクヌギによく見られ、秋に老熟すると土中に潜り蛹化する。6～8月には成虫となって現れる。

食性 ブナ科の葉（幼虫）

食用態 幼虫

成虫の大きさは開張

特徴的な味はなく、いくらかの青臭さと穏やかな甘味を持つ。大量に採れたらフライパンで炒って毛をとばし、佃煮にしてみても面白い。

〔幼虫〕

秋の虫たち

原っぱはコオロギの声が主役になり、雑草の茂みなどが多くの虫に出会えるポイントです。秋が深まり木々が色づきはじめたら、あれだけ多く見られた虫たちも厳しい冬を越すために次々に姿を隠してしまいます。

アキアカネ

トンボ目 *Sympetrum frequens*

体長 成虫32～40mm、幼虫18mm前後

分布 北海道～九州

特徴 日本固有種。初夏に水辺で羽化した後、山へ移動し、秋には水田など平地に戻って交尾産卵する。腹背面が朱色となる。

食性 肉食性。昆虫、小動物

食用態 幼虫

〔成虫〕

成虫は素揚げが食べやすいが、小型で胸肉が少なく食べ応えに欠ける。幼虫(ヤゴ)は佃煮などが適する。

〔さまざまなトンボのヤゴ〕

江戸時代の民間薬!? アカトンボ

アカトンボの黒焼きはのどの痛み、腫れ、咳(せき)などに効く民間薬として知られる。黒焼きは動植物を炭化させ、粉末にしたもので、江戸時代に日本独自の発展をとげ、五百種類もあったという。黒焼き一つとっても、薬効の真偽はおくとして、かつての山紫水明の国日本の人と自然の親密な関係を彷彿(ほうふつ)とさせる。
なお、アキアカネの成虫は山地では夏から見られるが、平野に降りてくるのが秋なので、秋のページで紹介する。ナツアカネなども夏から見られるが、オニヤンマの仲間に比べると遅めの秋まで出会うことができるため、このページで紹介する。

ナツアカネ

トンボ目 *Sympetrum darwinianum*

体長 成虫33～38mm、幼虫17mm前後

分布 北海道～南西諸島（全国）

特徴 アカトンボ（アカネ属）の一種。平地から丘陵地にかけて広く分布し、水田や湿地、河川などの明るく開放的な環境を好む。

食性 肉食性。昆虫、小動物

食用態 幼虫

ナツアカネも成虫は小型で胸肉が少なく食べ応えに欠けるため、幼虫（ヤゴ）を佃煮にするなどして食べるのが良い。

〔成虫〕

ノシメトンボ

トンボ目 *Sympetrum infuscatum*

体長 成虫37～45mm、幼虫18mm

分布 北海道～九州

特徴 平地から山にかけて広く分布。河川や湿地、水田、池など水辺周辺に見られ、明るい環境を好む。

食性 肉食性。昆虫、小動物

食用態 幼虫

アカトンボ類よりはやや大きめだが、大型のヤンマなどに比べると食べ応えに欠けるのでヤゴの方がおすすめ。

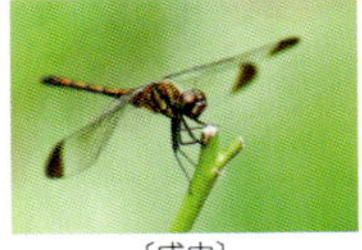

〔成虫〕

ミヤマアカネ

トンボ目 *Sympetrum pedemontanum*

体長 成虫34～41mm、幼虫15mm

分布 北海道～九州

特徴 平地から山にかけての水田や河川、湿地周辺に見られる。止水に限らず、浅く緩やかな流水域を好む。

食性 肉食性。昆虫、小動物

食用態 幼虫

食用としては主に幼虫のヤゴが向いている。野菜と煮付けたり、伝統的な佃煮にすればツマミとして楽しめる。

〔成虫〕

ゲンゴロウ

甲虫目 *Cybister japonicus*

体長 成虫35～40mm、幼虫68mm前後

分布 北海道～南西諸島（全国）

特徴 水底に根を張る抽水植物に卵を産み、幼虫は水中で昆虫や魚類を捕食。成長すると上陸し、土の中で蛹になる。

食性 魚類の死がい、小魚、ヤゴ、オタマジャクシ

食用態 成虫

〔成虫のオスとメス〕

COOKING GUIDE

外皮が大変硬いので塩ゆでしてから割って中身を食べる。コガネムシなどと同じく発達した飛翔筋つまり赤みの胸肉が主な食用部位。水棲昆虫なので身は淡白な魚肉に似る。

鮮度が命！ゲンゴロウ

生臭い独特の臭いは茹でると薄まって苦にならない。ただ昆虫類は鮮度が落ちやすく、ゲンゴロウも時間経過とともにくさやに似た発酵臭と生臭さが強くなる。

マダラカマドウマ

バッタ目 *Diestrammena japonica*

体長 20～34mm

分布 北海道～九州

特徴 洞窟や古墳などの遺跡、防空壕、木の洞などに生息する。翅はなく、後ろ脚が長い。人家周辺や家屋内へも入り込む普通種。

食性 雑食性。落ち葉、草の根、小昆虫の死がいなど

食用態 成虫

〔逆さまに止まる成虫〕

体表のマダラ模様や俗称「便所コオロギ」など食べるのに抵抗が大きい。コオロギに似て雑食性でなんでも食べる。そのため数日のフン抜きが必須である。バッタの仲間なので揚げると味は小エビに似る。

クサキリ

バッタ目 *Ruspolia lineosa*

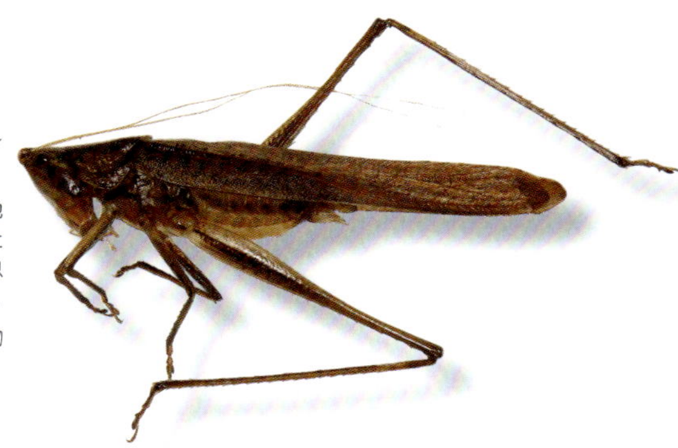

体長 40～50mm

分布 本州（関東以西）～九州

特徴 成虫は夏から、平地の背の低い草むらや湿った草地、山などにかけて生息する。ジィーと長めに鳴く。

食性 雑食性。イネ科植物の葉、実、昆虫

食用態 成虫

キリギリスの仲間は優しい味で食べやすいものが多い。噛みしめるとやわらかな甘味が舌にひろがる。

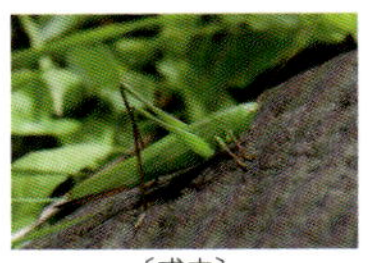
〔成虫〕

アオマツムシ

バッタ目 *Calyptotrypus hibinonis*

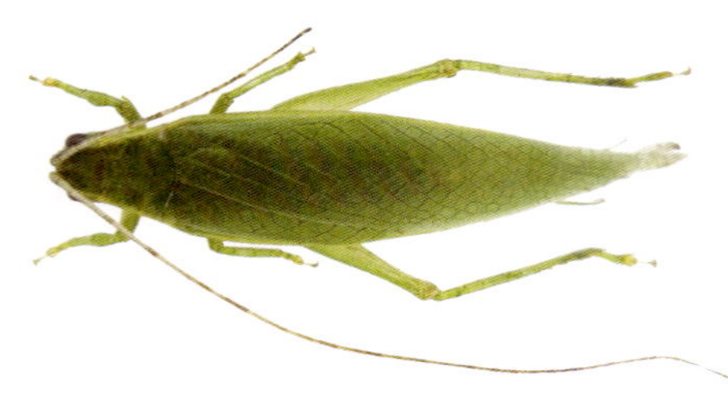

体長 23～28mm

分布 本州（関東以西）～九州

特徴 成虫のオスは、街路樹などの樹上でリューリューリューと鳴く。鮮やかな青緑色だが、幼虫は褐色。

食性 サクラ、モモなどの葉

食用態 成虫

〔成虫のオスとメス〕

明治のころにやってきた外来種だが、秋になると樹上でリューリューリューと我が物顔でうるさく鳴き、風情もなにもない。いっぽう味のほうはバッタ類共通の淡白でやさしい味だ。丸ごと食べられる素揚げがオススメ。

エンマコオロギ

バッタ目 *Teleogryllus emma*

体長 26～40mm

分布 北海道～九州

特徴 秋の夜、成虫のオスはコロコロリーと高音で鳴く。平地の草原や農地、丘陵地や山に生息。

食性 雑食性。草、野菜、小昆虫の死がい

食用態 成虫

〔成虫〕

コオロギの中でも大型で美味しい。外皮が柔らかで丸ごと食べられ、栄養バランスもよい。素揚げや、から揚げ、てんぷらなどの揚げ物や、しょう油と砂糖で佃煮状に煮る。

コオロギの食べ方よもやま話①

日本の代表的なコオロギはエンマコオロギで大型で美味しいのだが、美しい鳴き声を聞いてしまうと食欲がわかないので、エンマコオロギは鳴かないメスに限る。

ハラオカメコオロギ

バッタ目 *Loxoblemmus campestris*

体長 13〜20mm

分布 北海道〜九州

特徴 畑や空き地、草地といった平地から山にかけ生息する。リッリッリッリッ…とミツカドコオロギよりも弱く、ゆっくりと鳴く。

食性 雑食性。植物の実、葉、小動物の死がい

食用態 成虫

コオロギ類は素揚げ、から揚げ、天ぷらなどの揚げ物のほか、佃煮にするなど応用範囲が広い。カレーに煮込んでもおいしい。

〔成虫〕

タンボコオロギ

バッタ目 *Modicogryllus siamensis*

体長 15〜22mm

分布 本州(東北南部以南)〜南西諸島

特徴 水田の畦や水路脇のような湿地を好み、土中にもトンネルを掘って浅く潜る。ジャッジャッと騒がしく鳴く。

食性 雑食性。植物の実、葉、小動物の死がい

食用態 成虫

コオロギの食べ方よもやま話②

コオロギは栄養バランスがよく、食虫習慣のあるタイなど東南アジアでは養殖がさかんに行われている。外皮も柔らかで味もクセがなく食べやすい。日本でも年間を通してペットショップやネット通販で売られていて、急に食べたくなった時に重宝する。ただ注意点としてコオロギは雑食性なので、採集した場合は数日絶食させてフンを抜く必要がある。

ミツカドコオロギ

バッタ目 *Loxoblemmus doenitzi*

体長 16～21mm

分布 本州～九州

特徴 草原や畑に生息し、比較的乾燥した環境を好む。オスは闘争心が強い。歯切れ良くリッ！リッ！リッ！リッ！と鳴く。

食性 雑食性。植物の実、葉、小動物の死がい

食用態 成虫

〔成虫〕

ケラ

バッタ目 *Gryllotalpa orientalis*

体長 30～35mm

分布 北海道～南西諸島（全国）

特徴 バッタ目の中で珍しく、成虫が土中に生息し、モグラのような前足を持つ。翅で飛ぶこともでき、灯火に飛来する。低くブーーーと続けて鳴く。

食性 雑食性。草の根、作物の根など

食用態 成虫

蒸す　**揚げる**　焼く　炒める　炊く　**茹でる**　漬ける

昔は田植えの準備で田んぼに水を入れ代掻きをすると地中から水面に浮かんできて採集できたが、いまでは採集がなかなか難しい。味はコオロギに似て揚げれば丸ごと抵抗なく食べられる。

〔成虫〕

トノサマバッタ

バッタ目 *Locusta migratoria*

体長 35～65mm

分布 北海道～南西諸島（全国）

特徴 荒地、草地に通常は単独で生息し、よく飛ぶ。国内では稀だが、作物に被害を及ぼす「飛蝗」と呼ばれる群生現象が知られる。

食性 イネ科植物の葉や茎

食用態 成虫

〔幼虫〕

トノサマバッタは大きくて、肉の量もあり旨みも濃く、食べ応え満点である。揚げるとエビのようにピンク色に染まり食欲をそそる。

 **トノサマバッタで狩りの楽しみ** 

仮面ライダーのモチーフになっただけあって飛ぶ能力が高く、捕獲した際の充実感は大きく、狩猟本能を大いに満たしてくれる。アフリカで発生して大きな被害をもたらす飛蝗（ひこう）もこの仲間である。

オンブバッタ

バッタ目 *Atractomorpha lata*

体長 成虫♂20～25mm、♀40～42mm

分布 北海道～南西諸島（全国）

特徴 草地、街中の空き地などの丈の低い草地に住む。オスがメスの背に乗っている姿がよく見られる。動きは活発でなく、飛翔することもない。

食性 植物の葉、野菜

食用態 成虫

〔成虫のオスとメス〕

採集が容易でたくさん捕れる。トノサマバッタほどの旨みはないが、素揚げして丸ごとサックリ食べられる。小さいのでたくさんとって野菜とかき揚げなどにするのも良い。

クルマバッタモドキ

バッタ目 *Oedaleus infernalis*

体長 ♂ 28～30mm、♀45～55mm

分布 本州(東北南部以南)～南西諸島

特徴 平地から山の草地に生息。成虫は地面で生活する。クルマバッタに酷似しているが、やや小さい。また、クルマバッタよりも適応力があり、より頻繁に見られる。

食性 イネ科植物の葉

食用態 成虫

〔成虫〕

こちらもトノサマバッタほどの旨みはないが、素揚げして丸ごと食べられる。あるいは佃煮状に煮ておくと長く楽しめる。

ハネナガイナゴ

バッタ目 *Oxya japonica*

体長 17～44mm

分布 本州～南西諸島

特徴 平地から山にかけて広く分布し、水田、休耕田、河川敷、池やその近隣の草地にあるイネ科植物の周りに生息する。

食性 イネ科植物の葉。特にイネ

食用態 成虫

COOKING GUIDE

市販されているイナゴはコバネイナゴが大半だが、ハネナガイナゴが混在していることもある。翅がやや長いが佃煮にしてしまえば食感に変わりはない。

〔成虫〕

コバネイナゴ

バッタ目 *Oxya yezoensis*

体長 ♂ 16～33mm、♀18～40mm

分布 北海道～九州

特徴 稲を好むため、水田の大害虫として知られている。一時、有機塩素剤の大量使用で激減したが、農薬規制で生息数が再び増加してきている。

食性 イネ科植物の葉。特にイネ

食用態 成虫

イナゴは代表的な日本の昆虫食材だが、なかでもコバネイナゴはよく食される。定番の佃煮はもちろん、素揚げにするとサクサクと小エビの食感。

〔成虫のオスとメス〕

日本の伝統的昆虫食④イナゴ

稲作とともに始まったとされるイナゴ食文化はいまでも長野県や東北地方に広く見られる。佃煮が冷蔵庫など保存設備がなかった時代は定番だった。天日干しして粉にして味噌に混ぜたイナゴ味噌などもあったようだ。揚げたてのサクサクした食感は小エビのそれににてつまみに最適。

オオカマキリ

カマキリ目 *Tenodera aridifolia*

体長 70～95mm

分布 北海道～九州

特徴 大型のカマキリで、体色は緑色から褐色まで様々。林縁の低木地や、草地に生息。花のそばで獲物の昆虫などを待ち伏せする。

食性 小昆虫

食用態 卵、１齢幼虫

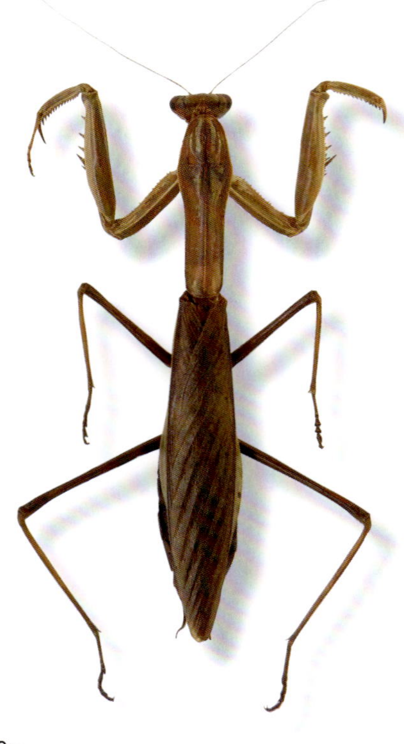

〔卵をもったメス〕

〔一齢幼虫〕

〔孵化〕

秋になると抱卵しているメスが多い。卵は茹でるか蒸すかして味わいたい。淡白な鶏卵の黄身といった味わい。孵化した一齢幼虫はさっと油通ししてふりかけにする。

冬の楽しみオオカマキリの卵のう

冬場にオオカマキリの卵のうを集めておくといい。河原の薮など葉が落ちるので卵のうを見つけやすい。集めておいた卵のうはサクラの咲く頃孵化する。

コカマキリ

カマキリ目 *Statilia maculata*

体長 48～65mm

分布 本州～九州

特徴 林縁の草地や、畑などにも生息。多くは褐色で緑色は少数。卵から孵化直後はアリが群がっているように見える。

食性 小昆虫

食用態 成虫

〔成虫〕

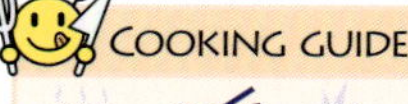

COOKING GUIDE

蒸す **揚げる** 焼く 炒める 炊く 茹でる 漬ける

カマキリ類は肉食なので数日絶食させると安心。採集してすぐ食べる場合はお腹を開いて内蔵を取り除く。未消化物が残っていると苦くて不味い。

ハラビロカマキリ

カマキリ目 *Hierodula patellifera*

体長 50～70mm

分布 本州～南西諸島

特徴 街中の公園や空き地の低木、樹木の葉の上などに見られる。体は太くずんぐりとしている。

食性 小昆虫

食用態 成虫

〔成虫〕

COOKING GUIDE

蒸す **揚げる** 焼く 炒める 炊く 茹でる 漬ける

カマキリの成虫は外皮が硬いので、揚げるのが最も食べやすい。ハリガネムシという硬くて細長い寄生虫が見つかることもあるので内蔵を取るときに気をつける。

コガタスズメバチ

ハチ目 *Vespula analis*

体長 働き蜂21～27mm、女王蜂25～29mm

分布 北海道～九州

特徴 里山や市街地に多く生息し、木の枝や軒下にフットボール状の巣を作る。オオスズメバチとよく似るがひと回り小さく、キイロスズメバチよりは大きい。

食性 昆虫類、クモ、樹液

食用態 成虫、蛹、幼虫

〔成虫〕

オオスズメバチよりやや小型だが味は変わらず美味。あらゆる変態ステージが食用になる。蛹の串焼きなどもできる。

キイロスズメバチ

ハチ目 *Vespa simillima*

体長 働き蜂17～25mm、女王蜂25～28mm

分布 本州～九州

特徴 屋根裏や橋の下などに大きな巣を作る。一つの巣で1000匹以上の働き蜂がいることもあり、攻撃性も高いため、最も刺される被害が多い。

食性 昆虫類、クモ、樹液、花蜜

食用態 成虫、蛹、幼虫

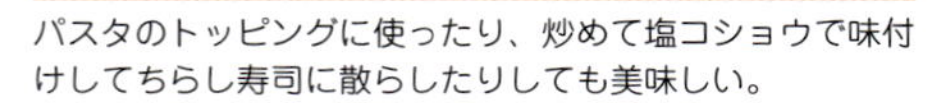

パスタのトッピングに使ったり、炒めて塩コショウで味付けしてちらし寿司に散らしたりしても美味しい。

オオスズメバチ

ハチ目 *Vespa mandarinia*

体長 働き蜂27〜39mm、女王蜂37〜45mm

分布 北海道〜九州

特徴 国内に生息する蜂の中で最大。攻撃性が高く、強い毒を持つ。晩夏から秋にかけて攻撃性が強まり、集団で他の蜂のコロニーなども襲う。

食性 樹液、果物、昆虫類

食用態 成虫、蛹(老熟蛹、若齢蛹、前蛹)、幼虫

蒸す 揚げる 焼く 炒める 炊く 茹でる 漬ける

幼虫や蛹は大きくて柔らかいので料理の応用範囲が広く、食べ応えもある。まゆを作った直後の前蛹が最も美味。さっと湯がいてポン酢や刺身じょう油で食べるのがオススメ。串にさしてつけ焼きもいい。成虫は酒に漬ける。

〔前蛹〕

 オオスズメバチの食べ方イロイロ 

クロスズメバチの何倍も大きいので食べ応え十分である。繭を作った直後を前蛹(ぜんよう)といい、この前蛹の段階で甘味と旨みがもっとも強く、とてもクリーミーで、鶏肉と豆腐のような風味がある。本種の食文化を今に伝える宮崎県高千穂地方では「フグの白子以上」と言われている。前蛹や若齢蛹はさっと湯がいてしゃぶしゃぶ風にポン酢で食べる。やや外皮が硬めになった老熟蛹は串揚げなどが食べやすい。幼虫は体内にフンをためているのでフン抜き作業が必要になる。おしりの先をつまみ取って頭部を押すと、黒いフンが出るので抜き取る。成虫は焼酎などに漬け込む。滋養強壮に効くスズメバチ酒ができる。

クロスズメバチ

ハチ目 *Vespula flaviceps*

体長 働き蜂10～12mm、女王蜂15～18mm

分布 本州～九州

特徴 雑木林の地中や木の洞に営巣する。昆虫などを肉団子にして巣へ持ち帰る。本種の幼虫や蛹は食用の蜂の子として有名。

食性 肉食性。昆虫類や動物の死がいなど

食用態 成虫、蛹、幼虫

〔土から出された巣〕

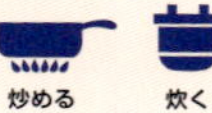

蒸す　揚げる　焼く　**炒める**　**炊く**　**茹でる**　漬ける

炒めてしょう油や砂糖で味付けしたハチの子の混ぜご飯が定番。味がうなぎの蒲焼によく似ていることが味覚センサーの分析で証明された。

〔巣を開いた状態〕

 日本の伝統的昆虫食⑤クロスズメバチ 

長野、岐阜、山梨、愛知などの伝統食ハチの子は本種の幼虫や蛹を指す。今でも中部地方ではクロスズメバチを食べる習慣が根強く残っている。ヘボとかジバチとか呼ばれて愛され、各地に同好会があり、クロスズメバチ採集を楽しみながら、その保全のための研究を続けている。

クスサン

チョウ目 *Saturnia japonica*

成虫の大きさは開張

体長 成虫100～130mm、幼虫100mm前後

分布 北海道～南西諸島（全国）

特徴 翅は褐色、緑色、赤色など多様。幼虫の上面（背）は白い毛に覆われ、白髪太郎の呼び名がある。繭は網状で蛹が見えるのでスカシダワラと呼ばれる。

食性 ブナ科、バラ科の葉（幼虫）

食用態 蛹、幼虫

〔幼虫〕

COOKING GUIDE

大型のヤママユガ科の幼虫や蛹はどれも美味しい。茹でた蛹は大豆の濃い旨みがある。

ヤママユ

チョウ目 *Antheraea yamamai*

成虫の大きさは開張

体長 成虫115～150mm、幼虫55～70mm

分布 北海道～南西諸島（全国）

特徴 ヤママユガ、テンサンなどの別名がある。口が退化しており、成虫は幼虫時に蓄えた栄養のみで生きる。

食性 ブナ科植物の葉（幼虫）

食用態 成虫、蛹、幼虫

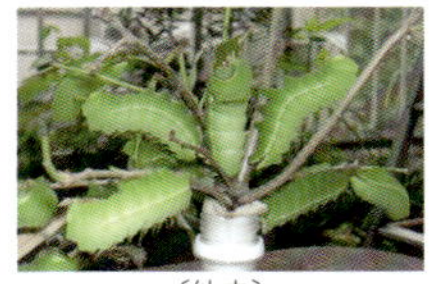

〔幼虫〕

COOKING GUIDE

蒸す　揚げる　焼く　炒める　炊く　茹でる　漬ける

ヤママユガ科の本家。茹でた蛹は豆乳の味。成虫のメスもお腹に卵があるとプチプチした歯触りが刺激的だ。産み付けられた卵はとても硬い

裏表紙の料理紹介

ハチの子のパンプキンスープ

材料：スズメバチ(幼虫、前蛹、若齢蛹)P70～72

サクラケムシ巻き桜餅

材料：モンクロシャチホコ(幼虫)P37

セミなりおこし

材料：アブラゼミ(幼虫)P25

オオスズメバチの素揚げ

材料：オオスズメバチ(幼虫、蛹)P71

様々な虫たち

虫たちとの出会いの場は野外だけではありません。カイコのように人と共に生きる虫や、外国から日本へ来た個性豊かな虫たちを探しに行きましょう。クモやムカデなど、昆虫以外の小さな生き物たちも身近なところに暮らしています。

カイコ

チョウ目 *Bombyx mori*

成虫の大きさは開張

体長 成虫30～45mm、幼虫70mm前後

分布 （家畜）

特徴 正式名称はカイコガ。幼虫をカイコと呼ぶ。有史以来、家畜として養蚕されてきた

食性 クワの葉、人口飼料

食用態 成虫、蛹、幼虫、卵、フン

〔幼虫〕

蒸す

揚げる

焼く　炒める

炊く

茹でる

漬ける

卵はトンブリに似たプチプチの歯ごたえ。幼虫は揚げるとノリ風味、糸をとる前の繭をカットして生きたまま取り出した蛹を茹でるとコーンに似た濃厚な旨みが味わえる。ただ蛹には独特のにおいがあり、好みが分かれる。ニンニクを加えるか燻製にすると食べやすくなる。

長い共生から生まれたカイコとの多様な関係

硬化病にかかったカイコの幼虫を白きょう蚕（ビャッキョウサン）といい、鎮痛、去痰の効果が期待される和漢方薬である。成虫もフライパンで炒って翅を散らしてから甘辛く煮詰めるとなかなかの味になる。長野では「まゆこ」というステキな商品名で販売されていた。フンは漢方でサンシャといい、大部分が桑の葉の未消化物にカイコの消化酵素が混じったもので、これを煮出したフン茶は飽きのこない口当たりでオススメ。

セイヨウミツバチ

ハチ目 *Apis mellifera*

体長 働き蜂13mm、女王蜂20mm

分布 （家畜／国内野生種は未確認）

特徴 日本では野生化は確認されていない。ニホンミツバチより若干大きく、黄色がかっている。

食性 ローヤルゼリー（女王になる幼虫）、蜜と花粉の混合物（幼虫）

食用態 蛹、幼虫

COOKING GUIDE

蒸す　揚げる　焼く　炒める　炊く　茹でる　漬ける

蜂蜜、ローヤルゼリー、プロポリスなどミツバチからの恩恵は大きい。飼育は古代エジプトで始まったとされる。

サクサン

チョウ目 *Antheraea pernyi*

成虫の大きさは開張

体長 110～140mm

分布 中国（原産地）、ヨーロッパ

特徴 原産地の中国では繭から絹糸をとるために古来から飼育されている。ブナ科の樹木を剪定し、幼虫を木から木へ移しながら飼育する。

食性 ブナ科コナラ属

食用態 蛹

〔繭〕

COOKING GUIDE

蒸す　揚げる　**焼く**　**炒める**　炊く　茹でる　漬ける

蛹は非常に大きく、食べ応えも十分。カットしてバター焼きにするか、野菜と一緒に炒める。ただし、カイコ同様、ニンニクなどで臭みを消すなどの工夫が必要。

サクサンの食べ方イロイロ

サクサンは柞蚕と書く。ヤママユガの一種で、中国産の蛹が中国食材店でも販売されている。

タケツトガ

チョウ目 *Omphisa fuscidentalis*

〔幼虫〕

体長 成虫20～35mm、幼虫30～40mm

分布 東南アジア

特徴 成虫はタケノコの表面に卵を産卵する。幼虫は孵化すると若竹部分へ集団移動して、節間に孔をあけて内部で成長する。ラオス、タイでは広く食用に供される。

食性 竹の材（幼虫）

食用態 幼虫

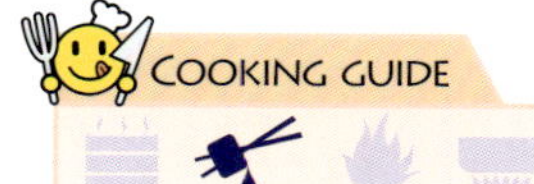

COOKING GUIDE

蒸す　**揚げる**　焼く　炒める　炊く　茹でる　漬ける

幼虫は竹虫といい、竹の髄を食べて育つ。竹しか食べないため、クセがなく食べやすい。中国や東南アジアではたいへん一般的で人気がある食材である。

ハウスクリケット（ヨーロッパイエコオロギ）

バッタ目 *Acheta domestica*

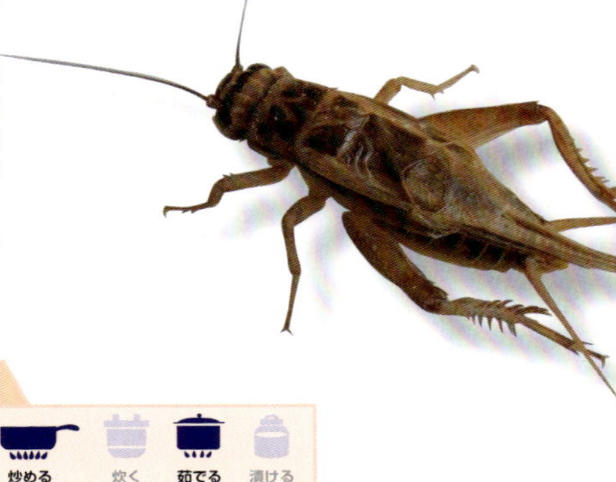

体長 20mm

分布 北アフリカ（南ヨーロッパとも）

特徴 日本に入ってきたのは最近だが、爬虫類などペットの餌として広く流通している。屋内性の傾向が強いといわれる。

食性 雑食性（幼虫・成虫）

食用態 成虫

蒸す　揚げる　焼く　炒める　炊く　茹でる　漬ける

外皮がやわらかく食べやすい。東南アジアのタイなどで食用に養殖されているのは主に本種。茹でてサラダに使うのもよい。

フタホシコオロギ

バッタ目 *Gryllus bimaculatus*

体長 成虫20～30mm、幼虫20mm前後

分布 南西諸島、東南アジア、台湾など

特徴 亜熱帯地域に分布し、国内では南西諸島のみにみられる。繁殖力の高さと管理の容易さから、各種ペットの餌として輸入され、流通販売、大量飼育されている。

食性 雑食性（幼虫・成虫）

食用態 成虫

ハウスクリケットとともに外国産だが、ペットのエサとして国内でも盛んに養殖されており、四季を通じて入手できる食材になっている。日本のコオロギと同じくやわらかで味のクセもない。

バッタ目 *Brachytrupes portentosus*

体長 50mm前後

分布 東南アジアなど

特徴 最大級のコオロギ。タイやカンボジアでは食用にされていることで有名。雨季中頃に土中から採れ、エビの味と食感が好まれる。

食性 雑食性（幼虫・成虫）

食用態 成虫

COOKING GUIDE

蒸す　**揚げる**　焼く　**炒める**　炊く　茹でる　漬ける

日本にいるエンマコオロギよりもさらに大きく、食べごたえ満点である。2、3匹食べればお腹がいっぱいになる。

タイワンツチイナゴ

バッタ目 *Patanga succincta*

体長 成虫♂60～65mm、♀75～84mm

分布 南西諸島、東南アジア、台湾など

特徴 ツチイナゴよりも大型の種で、メスの大きいもので8cmになり、ショウリョウバッタと並ぶ最大級のバッタ。ツチイナゴより体毛が少ない。

食性 イネ科植物、アダン、バナナの葉

食用態 成虫

イナゴといってもトノサマバッタよりもひと回り大きい。タイやラオスでは最も人気がある昆虫食材である。日本のタイ食材店でも揚げて塩を振ったものが販売されている。

タイワンタガメ

カメムシ目 *Lethocerus indicus*

体長 90mm前後

分布 南西諸島、東南アジアなど

特徴 東南アジアではオスの成虫がキンモクセイのような芳香を持つとして、揚げるなどして食用にされている。

食性 小動物、昆虫類

食用態 成虫

COOKING GUIDE

オスの出すフェロモンは洋ナシの香りがする。香りを生かして、炒め物のほか、スープの香り付けなどにも使う。そうめんの薬味にもよく合う。酒に漬けて香りを楽しむこともできる。日本のタイ食材店で買える。

ツムギアリ

ハチ目 *Oecophylla smaragdina*

体長 成虫8.5～10mm

分布 インド～タイの熱帯、東南アジア～オーストラリア

特徴 幼虫が出す糸と木の葉で樹上に多数のコロニーを作る。噛まれると非常に痛く、甘い蜜を出す植物と共生し害虫を捕食するため、農園などで害虫駆除にも用いられる。

食性 小昆虫、花蜜

食用態 卵、幼虫、蛹

〔さまざまな形態のツムギアリ〕

〔成虫〕

〔卵から成虫まで〕

炒め物に混ぜたり、スープに入れたりして食べる。卵、幼虫、蛹などが混ざった冷凍パックや缶詰もあり、日本のタイ食材店で買える。

 小さな体に大きなチカラ－ツムギアリの逆襲 

ツムギアリはアカアリとも呼ばれ、東南アジアでは好んで食べられている。本種は樹上に巣を作るので採集が容易だ。長い棒の先にかごをつけてその中に落とし込む。ただ成虫は攻撃的で噛まれるととびあがるほど痛い。

ジャイアントミルワーム（ツヤケシオオゴミムシダマシ）

甲虫目 *Zophobas atratus*

体長 成虫20mm、幼虫40mm

分布 中南米（原産地）

特徴 幼虫はジャイアントミルワーム、スーパーミルワームなどの名前で大きさが強調され、栄養価も高く、飼育動物の餌や釣り餌、研究用に流通している。

食性 雑食性。ふすま、動物性たんぱく質（幼虫）

食用態 幼虫

〔幼虫〕

脂肪分が多いので茹でるか蒸すかして調理するとヘルシー。揚げても良いが、はぜて中身がスカスカになりやすい。

ジャイアントミルワームを育てるときの注意

栄養価の高いジャイアントミルワームの幼虫だが、成虫はベンゾキノンという刺激臭を発する有毒性の物質を出す危険性があるので、生育状況には十分注意すること。

アルゼンチンモリゴキブリ

ゴキブリ目 *Blaptica dubia*

体長 オス38mm前後、メス41mm前後

分布 南アメリカ

特徴 メスは翅が非常に小さい。一般に学名のデュビアの名前で、爬虫類などのペット用の餌として販売されている。乾燥を好み、砂にもぐる習性がある。

食性 雑食性。菌類、樹液、朽ち木、動物の死がい、フン、食品

食用態 成虫

〔成虫メス〕

COOKING GUIDE

蒸す　揚げる　焼く　炒める　炊く　茹でる　漬ける

中型種。ゴキブリ類も清潔な環境で飼育すれば食用になる。やや大型だが揚げれば丸ごと食べられる。エビの食感に近い。

マダガスカルゴキブリ

ゴキブリ目 *Gromphadorhina portentosa*

体長 成虫50～75mm

分布 マダガスカル(原産地)

特徴 フルーツゴキブリとも呼ばれる。茶色く卵型で、翅は持たない。多くのゴキブリと異なり、草食性で、人家には棲みつかず、落ち葉や倒木といった林床に生息する。

食性 果実、草花

食用態 成虫

〔成虫オス〕

外皮が硬いので、開いて中身を食べる。バター焼きなどがおいしい。淡白で白身魚に似る。オスには臭腺があるので、ピンセットでお尻から抜き取ることが大事。

トルキスタンゴキブリ

ゴキブリ目 *Blatta lateralis*

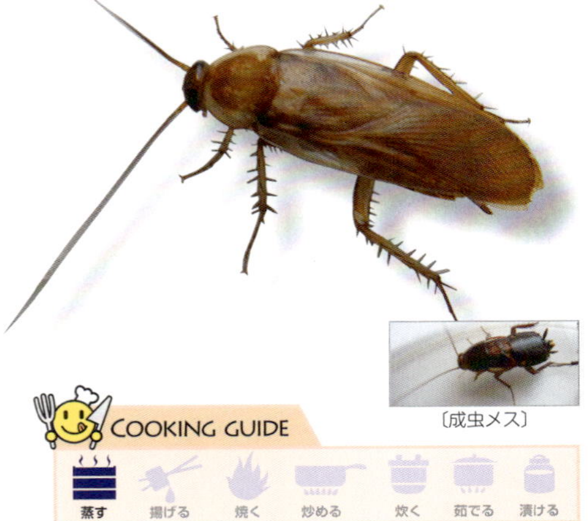

〔成虫メス〕

体長 成虫19～27mm

分布 北東アフリカ～中央アジア、北アメリカ、日本国内数か所

特徴 チュウトウゴキブリとも呼ばれる。大阪、神戸、滋賀、名古屋などで確認されている外来種。海外では耕作地、市街の屋内、野外、下水溝などに生息。垂直面を登る能力が低い。

食性 雑食性。菌類、樹液、朽ち木、動物の死がい、フン、食品

食用態 成虫

COOKING GUIDE

蒸す　揚げる　焼く　炒める　炊く　茹でる　漬ける

チャバネゴキブリに似た小型種で、成長が早く飼育も簡単。野菜などと一緒にかき揚げがオススメ。やや臭みがある。

カタツムリの仲間

腹足綱有肺目 *Euhadra peliomphala*

〔ミスジマイマイの１種〕

体長 殻高20～22mm、殻径35～45mm

分布 関東～中部地方

特徴 山地から平野にかけて樹上などに見られる。殻に３本の黒い筋が入っていることから名付けられたが、個体差も大きい（データはミスジマイマイの例）。

食性 植物など、雑食性

食用態 成体

〔ニシキマイマイの１種〕

茹でるかバター焼きで食べる。肉はやわらかく食べやすい。大量に採れたときは、数日間絶食させた後に茹でて殺菌し冷凍保存しておく。フランスのエスカルゴもこの仲間。

ナメクジ

腹足綱有肺目 *Meghimatium bilineatum*

体長 40～70mm

分布 北海道～南西諸島（全国）

特徴 一般にナメクジとして知られる普通種。薄紫色で、側面と背面に黒い筋模様がある。湿気を好み、乾燥地には生息できないため、木の洞や樹皮、葉裏などに隠れている。

食性 植物の葉、落ち葉、キノコ類、野菜

食用態 成体

〔ヤマナメクジ〕

〔ナメクジ〕

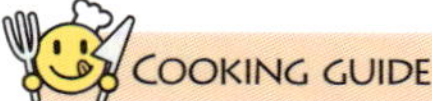

蒸す　揚げる　焼く　炒める　炊く　茹でる　漬ける

数日間絶食させる。洗ってぬめりをしっかり取り、茹でるなどして食べる。シコシコとした貝類の食感を楽しむことができる。

カタツムリ、ナメクジは必ず加熱・手洗い！

カタツムリやナメクジなどの陸生貝は広東住血線虫などの寄生虫がいることがあるので、必ず十分加熱してから食べること。また、調理前後の手洗いも確実に行うこと。

アシダカグモ

クモ綱クモ目 *Heteropoda venatoria*

体長 ♂15～20mm、♀25～30mm

分布 本州～南西諸島

特徴 歩き回る（徘徊性）のクモの中で日本最大。屋内に棲みつくことが多く、その大きさから嫌悪されやすいが、ゴキブリなどを捕食する益虫として知られる。

食性 肉食性（幼体・成体）

食用態 成体のメス

調理は揚げるのが一般的。頭胸部と腹部とも皮を剥ぐと真っ白な肉が現れる。頭胸部は筋肉の旨みがあり、腹部は柔らかで蟹みそに似る。

ジョロウグモ

クモ綱クモ目 *Nephila clavata*

体長 ♂6～13mm、♀17～30mm

分布 本州～南西諸島

特徴 造網性の大型のクモで、一般的に見られる普通種。毒も持つが微量であり、人体には影響はない。オスとメスでは大きさや姿が全く異なり、オスは非常に小さい。

食性 昆虫など

食用態 成体のメス

メスは秋の終わりが食べ頃で、お腹に卵が詰まっている。揚げると食べやすいが、茹でるか蒸して塩をふり、お腹の丸い部分を食べると、枝豆のような植物系の濃厚な味。

ナガコガネグモ

クモ綱クモ目 *Argiope bruennichi*

〔バッタを補食する成体〕

体長 ♂ 8～12mm、 ♀ 20～25mm

分布 本州～南西諸島

特徴 造網性の大型のクモ。大きな円形の網を作る。非常に攻撃的で、餌となる昆虫がかかると瞬時に接近して捕獲する。

食性 昆虫など

食用態 成体のメス

河原などの草地で見られる。秋が収穫期。大きくなった腹部を茹でて食べる。草の香りがする。揚げると脚までサクサク食べられる。

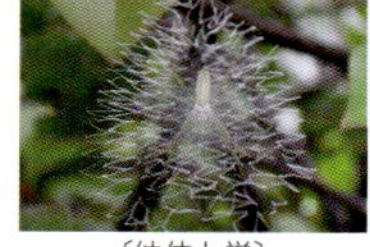

〔幼体と巣〕

ゲジ

唇脚綱ゲジ目 *Thereuonema tuberculata*

体長 20～25mm

分布 北海道～南西諸島（全国）

特徴 一般的にゲジゲジの名で知られる。ゴキブリなどの天敵。足が速く、樹上での待ち伏せ、低空飛行の虫をジャンプして捕らえるなど、高い狩猟能力がある。

食性 ゴキブリなどの昆虫

食用態 成虫

素早く動くので捉えるのが大変。揚げると無味無臭でサクサクとあっけなく食べられる。ムカデの仲間だがムカデ特有の苦味もない。

トビズムカデ

唇脚綱オオムカデ目 *Scolopendra subspinipes mutilans*

体長 100〜150mm

分布 本州〜南西諸島

特徴 国内で最も一般的なムカデ。大型で、黒い胴体と赤い頭部を持つ。有毒の牙を持ち、人間も噛まれると激痛に見舞われる。

食性 昆虫類

食用態 成体

〔成体〕

つけ焼きか、素揚げが一般的。大きいほど独特の苦味が強くなり、好き嫌いが分かれる。小ぶりなら苦味はほとんどなく、淡白でサクサク感がある。

良薬口に苦し？ 漢方薬トビズムカデ

トビズムカデは最大15センチにもなる日本最大級のムカデである。漢方薬として知られる。噛まれるとかなり痛い。大きいほど独特の苦味があり、薬と思えばやみつきになるが、嫌だと感じる人も多い。

タランチュラ（オオツチグモの仲間）

クモ綱クモ目 *Haplopelma minax*

体長 80mm前後

分布 ミャンマー、タイ

特徴 タランチュラは俗称で、一般的にはオオツチグモ科のクモを指す。日本にはペット用として様々な種が輸入されている（写真・データはタイランド・ブラックのもの）。

食性 昆虫類など

食用態 成体

巨大なので数人でクモ鍋を囲んで楽しむことができる。あっさりと煮込んでしょう油などで食べる。頭胸部は筋肉の旨みがあり、腹部はまさしく蟹みそ風味である。卵が入っているとプチプチした食感がアクセントになる。

チャグロサソリの仲間

クモ綱サソリ目 *Heterometrus cyaneus*

体長 110mm前後

分布 インドネシア

特徴 日本にはダイオウサソリやチャグロサソリなどのコガネサソリ科がペット用として輸入されている。取り扱いには十分注意すること（写真・データはニューギニア・フォレスト・スコーピオンのもの）。

食性 昆虫類、節足動物など

食用態 成体

蒸す　揚げる　焼く　炒める　炊く　茹でる　漬ける

ハサミ状の触脚を割って中の脚肉を食べると、カニの脚に似た食感でおいしい。腹部はやや柔らかめなので、丸ごと噛みしめて特有の苦みを味わうのもよい。

タランチュラ・サソリの食べ方イロイロ

クモを食べる国は世界中にあるが、タランチュラ（オオツチグモ）もカンボジアを中心とした東南アジアで食べられている。串焼きや揚げ物にして食べる。
中国ではサソリを食材として使う地方がある。素揚げにしてレストランや屋台などで食べられる。また薬用としても効果があるとされている。

世界の食用昆虫リスト

2013年のFAO（国際連合食糧農業機関）報告書によると、現在世界で食べられている昆虫は約1900種にのぼると言われています。ここではその中のごく一部を紹介します。複数の国で食べられている昆虫は、代表的な国名を適宜選んで示しました。**太赤字**の昆虫は、本書に掲載されている種です。食用態欄の幼は幼虫、成は成虫の略です。国名欄の北米はカナダ・アメリカ合衆国を表しています。

学名	昆虫名	食用態	国名
Gryllus bimaculatus	**フタホシコオロギ**	幼、成	中国
Oxya chinensis	チュウゴクハネナガイナゴ	幼、成	中国
Odontotermes formosanus	タイワンシロアリ	成	中国
Coptotermes formosanus	イエシロアリ	成	中国
Periplaneta americana	ワモンゴキブリ	成	中国
Lawana imitata	アオバハゴロモの1種	幼、成	中国
Platypleura kaempferi	**ニイニイゼミ**	成	中国
Cryptotympana atrata	スジアカクマゼミ	幼、成	中国
Lethocerus indicus	**タイワンタガメ**	成	中国
Cybister japonicus	**ゲンゴロウ**	成	中国
Anoplophora chinensis	**ゴマダラカミキリ**の1種	幼	中国
Cyrtotrachelus longimanus	タイワンオオオサゾウムシ	幼	中国
Musca domestica	イエバエ	幼	中国
Omphisa fuscidentalis	**タケツトガ**	幼	中国
Antheraea pernyi	**サクサン**	蛹	中国
Bombyx mori	**カイコ**	蛹	中国
Vespa mandarinia	**オオスズメバチ**	幼、蛹	中国
Apis cerana	トウヨウミツバチ	幼、蛹、蜜	中国
Gampsocleis buergeri	**キリギリス**の1種	成	韓国
Acrida cinerea	**ショウリョウバッタ**	成	韓国
Locusta migratoria	**トノサマバッタ**	成	フィリピン
Brachytrupes portentosus	**タイワンオオコオロギ**	成	タイ
Gryllus bimaculatus	**フタホシコオロギ**	成	タイ
Locusta migratoria	**トノサマバッタ**	成	タイ
Patanga succincta	**タイワンツチイナゴ**	成	タイ
Macrotermes gilvus	シロアリの1種	有翅虫	タイ
Neostylopyga rhombifolia	イエゴキブリ	卵、成	タイ
Tessaratoma papillosa	ライチーカメムシ	成	タイ
Lethocerus indicus	**タイワンタガメ**	卵、成	タイ
Cybister limbatus	フチトリゲンゴロウ	成	タイ
Eupatorus gracilicornis	ゴホンヅノカブトムシ	成	タイ
Copris carinicus	ダイコクコガネの1種	成	タイ
Apriona germari	クワカミキリの1種	幼、成	タイ
Cyrtotrachelus longimanus	タイワンオオオサゾウムシ	成	タイ

虫こぶ……昆虫などが寄生することで、植物の一部が異常発達してこぶ状になったもの

学名	昆虫名	食用態	国名
Bombyx mori	**カイコ**	蛹	タイ
Oecophylla smaragdina	**ツムギアリ**	全ての形態	タイ
Vespa tropica	ネッタイヒメスズメバチ	幼、蛹、成	タイ
Apis florae	コミツバチ	幼、蛹	タイ
Hydrophilus bilineatus	コガタガムシ	成	ベトナム
Crocothemis sp.	ショウジョウトンボの1種	幼、成	ラオス
Hierodula sp.	**ハラビロカマキリ**の1種	卵、成	ラオス
Eretes sticticus	ハイイロゲンゴロウ	幼、成	ラオス
Erionata thrax	バナナセセリの1種	幼、蛹	ラオス
Oecophylla smaragdina	**ツムギアリ**	全ての形態	ラオス
Hydrophilus hastatus	ガムシの1種	成	カンボジア
Platypleura insignis	**ニイニイゼミ**の1種	幼	ミャンマー
Oxya japonica	**ハネナガイナゴ**	成	マレーシア
Eurycnema versirubra	ナナフシの1種	フン	マレーシア
Pomponia imperatoria	テイオウゼミ	成	マレーシア
Vespa affinis	ツマグロスズメバチ	幼、蛹	マレーシア
Orthetrum glaucum	タイワンシオカラトンボ	成	インドネシア
Pantala flavscens	ウスバキトンボ	成	インドネシア
Gryllotalpa africana	**ケラ**の1種	幼、成	インドネシア
Pediculus humanus	アタマジラミ	成	インドネシア
Batocera rubus	イチジクカミキリ	幼	インドネシア
Rhynchophorus ferrugineus	ヤシオオオサゾウムシ	幼、成	インドネシア
Apis dorsata	オオミツバチ	幼、蛹、蜜	インドネシア
Odontotermes formosanus	タイワンシロアリ	女王アリ	インド
Cybister sp.	**ゲンゴロウ**の1種	成	インド
Xylotrupes gideon	ヒメカブトムシ	幼、成	インド
Samia cynthia	**シンジュサン**	幼	インド
Apis mellifera	**セイヨウミツバチ**	幼、蛹	インド
Xylocopa sp.	クマバチの1種	幼、蛹、花粉	スリランカ
Cystococcus pomiformis	フクロカイガラムシの1種	虫こぶ	オーストラリア
Trictena argyrosticha	コウモリガの1種	幼、蛹、成	オーストラリア
Hyles livornicoides	スズメガの1種	幼	オーストラリア
Camponotus inflatus	ミツツボアリの1種	貯蔵アリ	オーストラリア
Myrmecia pyriformis	クロブルドッグアリ	蛹	オーストラリア
Trichilogaster sp.	マルハラコバチの1種	虫こぶ	オーストラリア
Prionoplus reticularis	ノコギリカミキリの1種	幼	ニュージーランド
Extatosoma tiaratum	トゲナナフシの1種	成	パプアニューギニア
Xylotrupes gideon	ヒメカブトムシ	幼	パプアニューギニア
Batocera sp.	**シロスジカミキリ**の1種	幼	パプアニューギニア
Rhynchophorus ferrugineus	ヤシオオオサゾウムシ	幼、蛹、成	パプアニューギニア
Oecophylla smaragdina	**ツムギアリ**	蛹	パプアニューギニア
Oryctes rhinoceros	サイカブト	幼	ソロモン諸島

貯蔵アリ……巣の中にとどまり、他のアリの食料となる花の蜜を腹の中に貯め込む役割のアリ

学名	昆虫名	食用態	国名
Trabutina serpentinus	コナカイガラの1種	甘露	イラン
Larinus mellificus	ゴボウゾウムシの1種	幼	シリア
Tenebrio sp.	ゴミムシダマシの1種	成	トルコ
Liposthenus glechomae	タマバチの1種	虫こぶ	フランス
Amphimallon assimile	コガネムシの1種	成	イタリア
Locusta migratoria	**トノサマバッタ**	成	モロッコ
Apis mellifera	**セイヨウミツバチ**	幼	セネガル
Gastrimargus africanus	クルマバッタの1種	成	ニジェール
Augosoma centaurus	ケンタウルスオオカブトムシ	幼	カメルーン
Popillia femoralis	マメコガネの1種	成	カメルーン
Rhynchophorus phoenicis	ヤシオオオサゾウムシの1種	幼	カメルーン
Tetralobus flabellicornis	コメツキムシの1種	幼	中央アフリカ共和国
Macrotoma sp.	オオウスバカミキリの1種	幼	中央アフリカ共和国
Papilio sp.	**アゲハ**の1種	幼	中央アフリカ共和国
Coptotermes sp.	シロアリの1種	有翅虫	ケニア
Schistocerca gregaria	サバクトビバッタ	成	ウガンダ
Goliathus sp.	オオツノハナムグリの1種	幼	コンゴ民主共和国
Elaphrodes lactea	**シャチホコガ**の1種	幼	コンゴ民主共和国
Chaoborus edulis	ケヨソイカの1種	成	タンザニア
Chrysobothris fatalis	ムツボシタマムシの1種	幼	アンゴラ
Brachytrupes membranaceus	アフリカオオコオロギ	成	ザンビア
Agrius convolvuli	**エビガラスズメ**	幼	ジンバブエ
Nepa sp.	ヒメタイコウチの1種	成	マダガスカル
Cybister owas	**ゲンゴロウ**の1種	成	マダガスカル
Prosopocoilus serricornis	セリコルニスノコギリクワガタ	幼	マダガスカル
Oryctus owariensis	サイカブトの1種	幼	南アフリカ共和国
Imbrasia belina	**ヤママユ**の1種	幼	南アフリカ共和国
Anabrus simplex	モルモンコオロギ	幼、成	北米
Magicicada septemdecim	ジュウシチネンゼミ	幼	北米
Hyalopterus pruni	モモコフキアブラムシ	甘露	北米
Lethocerus americanus	タガメの1種	成	北米
Cyclocephala melanocephala	メラノセファラコガネカブト	成	北米
Monochames maculosus	ヒゲナガカミキリの1種	幼	北米
Tipula derbyi	ガガンボの1種	幼	北米
Ephydra cinerea	ミギワバエの1種	蛹	北米
Coloradia pandora	パンドラガ	幼、蛹	北米
Camponotus sp.	オオアリの1種	幼、成	北米
Myrmecocystus melliger	ミツツボアリの1種	貯蔵アリ	北米
Vespula sp.	**クロスズメバチ**の1種	幼、蛹	北米
Anax sp.	**ギンヤンマ**の1種	幼、成	メキシコ
Sphenarium purpurascens	**オンブバッタ**の1種	幼、成	メキシコ
Blattella germanica	チャバネゴキブリ	成	メキシコ

甘露……糖分の多い植物の師管液を吸うアブラムシやカイガラムシが、体外に排出する排泄物や被覆物

学名	昆虫名	食用態	国名
Dactylopius tomentosus	コチニールカイガラムシの1種	成	メキシコ
Corisella mercenaria	ミズムシの1種	卵、幼、成	メキシコ
Cybister sp.	**ゲンゴロウ**の1種	幼、成	メキシコ
Platycerus virescens	ビレスケンスルリクワガタ	幼	メキシコ
Xyloryctes thestalus	イッカクサイカブトの1種	幼、蛹、成	メキシコ
Chalcolepidius lafargi	コメツキムシの1種	幼、成	メキシコ
Rhynchophorus palmarum	ヤシオオオサゾウムシの1種	幼、蛹	メキシコ
Corydalus cornutus	**ヘビトンボ**の1種	幼	メキシコ
Musca domestica	イエバエ	幼、蛹	メキシコ
Papilio multicaudata	**アゲハ**の1種	幼	メキシコ
Phassus sp.	コウモリガの1種	幼	メキシコ
Comadia redtenbacheri	ボクトウガの1種	幼	メキシコ
Bombyx mori	**カイコ**	幼、蛹	メキシコ
Antheraea polyphemus	**ヤママユ**の1種	幼、蛹	メキシコ
Manduca sexta	タバコスズメガ	幼、成	メキシコ
Bombus diligens	マルハナバチの1種	卵、幼、蛹、成、蜜	メキシコ
Melipona beecheii	ハリナシバチの1種	卵、幼、蛹、蜜	メキシコ
Polistes sp.	アシナガバチの1種	幼、蛹	グアテマラ
Ambrysus stali	コバンムシの1種	成	ベネズエラ
Belostoma micantulum	タガメの1種	成	ベネズエラ
Corydalus sp.	**ヘビトンボ**の1種	幼	ベネズエラ
Leptonema sp.	シマトビケラの1種	幼	ベネズエラ
Conocephalus angustifrons	ササキリの1種	幼、成	コロンビア
Megaceras crassum	サイカブトの1種	幼、成	コロンビア
Euchroma gigantea	ナンベイオオタマムシ	幼、成	コロンビア
Acrocinus longimanus	テナガカミキリの1種	幼、蛹、成	コロンビア
Dynastes hercules	ヘラクレスオオカブト	幼	エクアドル
Brachymenes wagnerianus	トックリバチの1種	成	エクアドル
Passalus interruptus	クロツヤムシの1種	幼	スリナム
Syntermes sp.	シロアリの1種	成	ブラジル
Pediculus humanus	アタマジラミ	成	ブラジル
Umbonia spinosa	ツノゼミの1種	成	ブラジル
Megasoma anubis	アヌビスゾウカブトムシ	幼	ブラジル
Ulomoides dermestoides	ゴミムシダマシの1種	幼、成	ブラジル
Macrodontia cervicornis	オオキバウスバカミキリ	幼	ブラジル
Pachymerus sp.	マメゾウムシの1種	幼	ブラジル
Simulium rubrithorax	ブユの1種	幼、成	ブラジル
Brassolis sophorae	タテハチョウの1種	幼	ブラジル
Atta sexdens	ハキリアリの1種	有翅虫、兵アリ	ブラジル
Melipona interrupta	ハリナシバチの1種	幼、蛹、蜜、花粉	ブラジル

参考資料：FAO"Edible insects: future prospects for food and feed security"
Wageningen University"List of edible insects of the world"
三橋淳『世界昆虫食大全』

食べられる虫に興味はあるけど、近くに昆虫に出会えるような自然が残っていない、どこに採集しにいけば良いかわからない、という方も多いと思います。また、一人で採っても食べ方がよく分からないということもあるかも知れません。そこで、ここでは昆虫食材が手に入るお店と、昆虫料理を研究している会を紹介します。

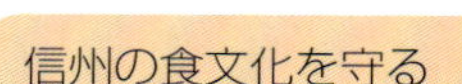

信州の食文化を守る　塚原信州珍味

蜂の子、いなご、わかさぎ、ざざむしの田舎炊や甘露煮などの伝統の味を販売。日本の昆虫料理を語るうえで欠かせないお店。ネットショップで全国に配送可能。フナやコイなどの川魚も充実している。

住所：〒396-0012長野県伊那市上新田2570-1　TEL・FAX：0265-76-0591
営業時間：10：00～18：30　定休日：水曜
ホームページ：http://www.tsukahara-chinmi.com
E-mail：info@tsukahara-chinmi.com

本物のタイ食材を提供　アジアスーパーストアー

メンダー（タガメ）やカイ・モッデーン（ツムギアリの卵）などタイ伝統の食材が購入可能。店内はタイ直輸入の調味料や缶詰、冷凍食品、新鮮野菜から雑誌に至るまで安くて豊富な品揃えを誇る。注文はネット通販でもOK。

住所：〒169-0072 東京都新宿区大久保1-8-2シャルール新宿２F
TEL：03-3208-9199
営業時間：9：30～22：30　定休日：無休
ホームページ：http://www.asia-superstore.com

都内最大級の中国物産専門店　友誼（ゆうぎ）商店

サクサンの蛹が入手可能。店舗は交通至便な池袋北口駅前にあり、中国食品をはじめとするアジア各国の物産を販売。高品位かつ多様な品揃えで日本在住の中国人にも人気が高い。ネットでの注文は下記HPから。

住所：〒171-0021東京都豊島区西池袋1-28-6大和産業ビル4F
TEL：03-5950-3588　営業時間：10：00～24：00
定休日：無休　ホームページ：http://www.youyi.jp

みんなで食べればもっとおいしい

NPO法人昆虫食普及ネットワークでは、定期的に昆虫料理を食べる会を開いています。興味ある方のご参加をお待ちしています。

参加の申し込み、お問い合わせなどは
ホームページ https://www.entomophagy.or.jp/ まで。

- **セミ会(通常年2回、7月末と8月初め)**
  指定場所に夕方集まって成虫を、日没後に幼虫を採集し、近くの調理施設に移動して参加者全員で調理する。から揚げや天ぷらが主なメニューだが、幼虫の燻製なども人気。

- **バッタ会(通常年1回、10月半ば)**
  河原に集まって主にバッタを採集し、シートを敷いてその場で調理して食べる。素揚げ、から揚げ、天ぷらが主なメニュー。

- **米とサーカスで昆虫食を楽しむ会(毎月1回、第2土曜)**
  ジビエ料理店「米とサーカス」(高田馬場)で実施。持ち込んだ昆虫などの食材を、レシピにしたがって参加者がみんなで調理して食べる。

- **昆虫食のひるべ(不定期)**
  カフェバー「よるのひるね」(阿佐ヶ谷)でほぼ2か月に1回、たとえば匂いの似たタイワンタガメと洋ナシなどテーマを決めて食べ比べる。

さくいん

参考文献

相原和久・秋山智隆『節足動物ビジュアルガイドタランチュラ&サソリ』誠文堂新光社2007／青木典司ほか監修『日本産幼虫図鑑』学習研究社2005／東正雄『原色日本陸産貝類図鑑』保育社1995／アリストテレス（島崎三郎訳）『動物誌（上）』岩波書店1998／井上寛ほか『原色昆虫大図鑑第1巻～第3巻』北隆館1976、1978、1981／槐真史編、伊丹市昆虫館監修『日本の昆虫1400①②』文一総合出版2013／内山昭一『楽しい昆虫料理』ビジネス社2008／内山昭一『昆虫食入門』平凡社2012／梅谷献二『虫を食べる文化誌』創森社2004／香川芳子監修『食品成分表2013資料編』女子栄養大学出版部2013／片山直美、吉村剛、馬場啓一、山下雅道、宇宙農業サロン「長期宇宙滞在に向けた宇宙食の提案／ーシロアリの利用ー」Space Utilization Research, 25, 2009, 65-68／日本甲虫学会ほか編著『原色日本昆虫図鑑（上）（下）』保育社1961、1977／野中健一『昆虫食先進国ニッポン』亜紀書房2008／ブハーリー（牧野信也訳）『ハディース：イスラーム伝承集成中巻』中央公論社1994／ムシモアゼルギリコ『むしくいノート』カンゼン2013／八木沼健夫『原色日本蜘蛛類大図鑑 増補改訂版』保育社1982／三橋淳『世界昆虫食大全』八坂書房2008／Bukkens, S.G.F.(1997), The nutritional value of edible insects. Ecology of Food and Nutrition, 36, 287-319／Finke,M.D.(2002), Complete nutrient composition of commercially raised invertebrates used as food for insectivores. Zoo Biology, 21(3), 269-285.／FAO.（国際連合食糧農業機関）2013. Edible insects: future prospects for food and feed security／http://www.fao.org/docrep/018/i3253e/i3253e00.htm／九州大学大学院農学研究院昆虫学教室「日本産昆虫学名和名辞書（DJI）」／http://konchudb.agr.agr.kyushu-u.ac.jp/dji/index-j.html／WUR. 2013. List of edible insects of the world. Wageningen, Wageningen University／http://www.wageningenur.nl/en/Expertise-Services/Chair-groups/Plant-Sciences/Laboratory-of-Entomology/Edible-insects/Worldwide-species-list.htm

監修：内山昭一(うちやま・しょういち)
1950年長野市生まれ。昆虫料理研究家、NPO法人昆虫食普及ネットワーク理事長、NPO法人食用昆虫科学研究会理事。著書に、『新装版 楽しい昆虫料理』（ビジネス社）、『昆虫食入門』（平凡社新書）、『食の常識革命！　昆虫を食べてわかったこと』（サイゾー）、『昆虫は美味い！』（新潮新書）、共著に『人生が変わる！ 特選 昆虫料理５０』（山と渓谷社）等がある。東京都日野市在住。URL: https://insectcuisine.jp/

編：21世紀の食調査班
人口増加や地球環境の変化により懸念される、将来の食の多様な問題の解決に向け、情報を収集、発信するグループ。新食材や調理法、伝統的食文化、食の流通等にも関心を寄せている。

写真協力：長畑直和(ながはた・なおかず)
東京農工大学昆虫研究会OB、埼玉昆虫談話会・幹事。TVチャンピオン昆虫王選手権（テレビ東京）で優勝。特定の分野に偏らずあらゆる昆虫に精通し、未知の昆虫を求めて日本国内に留まらず世界各地を駆け巡る。

資料提供(敬称略)：
有田豊　一寸野虫　岸田泰則　阪本優介　佐々木明夫　鈴木淳夫　永井吾鶴美　新津修平
ムシモアゼルギリコ　矢野高広　山本健二　独立行政法人森林総合研究所北海道支所　東奥日報社
ブランドありだ果樹産地協議会
Independent Contractor クリムゾン システムズ　山田正一「昆虫観察図鑑　家のまわりの生き物たち」http://crimson-systems.com/ikimono0.htm
日本産ゾウムシデータベースhttp://kogane.wem.sfc.keio.ac.jp/jwdb/index.html
鈴木隆之・神保宇嗣・阪本優介「みんなで作る日本産蛾類図鑑」http://www.jpmoth.org/

食べられる虫ハンドブック

2013年12月15日　初版発行
2019年６月26日　新装版第１刷発行
2025年６月17日　新装版第５刷発行

監修者　内山 昭一
編　者　21世紀の食調査班
発行者　竹内 尚志
発行所　株式会社自由国民社
〒171-0033 東京都豊島区高田３－10－11　電話 03-6233-0781(代表)
装　丁　ＪＫ
印刷所　大日本印刷株式会社
製本所　新風製本株式会社